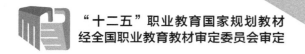
"十二五"职业教育国家规划教材
经全国职业教育教材审定委员会审定

职业教育"十三五"数字媒体应用人才培养规划教材

边做边学
Flash CS6
动漫制作案例教程

第3版 | 微课版

韩丽屏 / 主编

刘远东 / 副主编

U0191552

人民邮电出版社
北 京

图书在版编目（CIP）数据

边做边学：Flash CS6动漫制作案例教程：微课版 / 韩丽屏主编. -- 3版. -- 北京：人民邮电出版社，2020.6

职业教育"十三五"数字媒体应用人才培养规划教材

ISBN 978-7-115-53504-7

Ⅰ．①边… Ⅱ．①韩… Ⅲ．①动画制作软件－职业教育－教材 Ⅳ．①TP391.414

中国版本图书馆CIP数据核字（2020）第054972号

内 容 提 要

本书全面系统地介绍 Flash CS6 的基本操作方法和网页动画的制作技巧，并对其在网页设计领域的应用做了深入的讲解，具体内容包括初识 Flash CS6、卡片设计、标志制作、广告设计、电子相册、节目片头与 MV、网页应用、组件与引导层和综合设计实训等内容。

本书以课堂实训案例为主线，通过案例的操作，学生可以快速熟悉案例的设计理念。书中的软件相关功能解析部分可以使学生深入学习软件功能，课堂实战演练和课后综合演练可以提高学生的实际应用能力。本书最后一章精心安排专业设计公司的 5 个综合设计实训案例，力求通过这些案例的制作，提高学生的艺术设计创意能力。本书配套云盘包含书中所有案例的素材及效果文件，以利于教师授课、学生练习。

本书可作为职业院校数字艺术类专业 Flash 课程的教材，也可供相关人员学习参考。

♦ 主　　编　韩丽屏
　　副 主 编　刘远东
　　责任编辑　马小霞
　　责任印制　王　郁　马振武

♦ 人民邮电出版社出版发行　　北京市丰台区成寿寺路 11 号
　邮编　100164　　电子邮件　315@ptpress.com.cn
　网址　https://www.ptpress.com.cn
　北京天宇星印刷厂印刷

♦ 开本：787×1092　1/16
　印张：15.25　　　　　　　　2020 年 6 月第 3 版
　字数：386 千字　　　　　　　2024 年 8 月北京第 5 次印刷

定价：49.80 元

读者服务热线：（010）81055256　印装质量热线：（010）81055316
反盗版热线：（010）81055315
广告经营许可证：京东市监广登字 20170147 号

前言　Preface

Flash 是由 Adobe 公司开发的网页动画制作软件，它功能强大，易学易用，深受网页制作者和动画设计人员的喜爱，已经成为这一领域最流行的软件之一。本书根据职业院校专业教学标准编写，邀请行业、企业专家和一线课程负责人一起，从人才培养目标方面做好整体设计，明确专业课程标准，强化专业技能培养，安排教材内容；根据岗位技能要求，引入了企业真实案例，重点建设了课程配套资源库和课程教学网站，通过"微课"等立体化的教学手段来支撑课堂教学。

本书全面贯彻党的二十大精神，以社会主义核心价值观为引领，传承中华优秀传统文化，坚定文化自信，使内容更好地体现时代性、把握规律性、富于创造性。

根据职业院校的教学方向和教学特色，我们对本书的编写体系做了精心设计。全书根据 Flash 在设计领域的应用方向共分为 9 章，每章按照"课堂实训案例—软件相关功能—课堂实战演练—课后综合演练"这一思路进行编排，力求通过课堂实训案例演练，使学生快速熟悉艺术设计理念和软件功能，通过软件相关功能解析使学生深入学习软件功能，通过课堂实战演练和课后综合演练提高学生的实际应用能力。本书最后一章精心安排了专业设计公司的 5 个综合设计实训案例，力求通过这些案例的制作，提高学生的艺术设计创意能力。

在内容编写方面，力求细致全面、重点突出；在文字叙述方面，注意言简意赅、通俗易懂；在案例选取方面，强调案例的针对性和实用性。

本书配套云盘包含书中所有案例的素材及效果文件。另外，为方便教师教学，本书配备了详尽的课堂实战演练和课后综合演练的操作步骤文稿、PPT课件、教学大纲、商业实训案例文件等丰富的教学资源，任课教师可登录人民邮电出版社人邮教育社区（www.ryjiaoyu.com）免费下载使用。本书的参考学时为 48 学时，各章的参考学时参见下面的学时分配表。

前言　　Preface

章　序	课 程 内 容	课 时 分 配
第 1 章	初识 Flash CS6	4
第 2 章	卡片设计	6
第 3 章	标志制作	4
第 4 章	广告设计	6
第 5 章	电子相册	6
第 6 章	节目片头与 MV	6
第 7 章	网页应用	6
第 8 章	组件与引导层	4
第 9 章	综合设计实训	6
课 时 总 计		48

编　者

2023 年 5 月

目 录

Contents

目 录

Contents

目 录

Contents

01

第1章
初识 Flash CS6

本章介绍 Flash CS6 的基础知识和基本操作。读者通过本章的学习，可对 Flash CS6 有初步的认识和了解，并能够掌握软件的基本操作方法和应用技巧，为以后的学习打下坚实的基础。

课堂学习目标

- ✔ 掌握工作界面的基本操作
- ✔ 掌握设置文件的基本方法
- ✔ 了解文件的输出格式

1.1　操作界面

1.1.1　【操作目的】

通过打开文件和取消组合熟悉菜单栏的操作，通过选取图形和改变图形的大小熟悉工具箱中工具的使用方法，通过改变图形的颜色熟悉控制面板的使用方法。

1.1.2　【操作步骤】

步骤① 打开 Flash CS6 软件，选择"文件 > 打开"命令，弹出"打开"对话框。选择云盘中的"Ch01 > 素材 > 制作小狮子 > 01"文件，单击"打开"按钮打开文件，如图 1-1 所示，显示 Flash CS6 的软件界面。

图 1-1

步骤② 选择"文件 > 导入 > 导入到舞台"命令，弹出"导入"对话框。选择云盘中的"Ch01 > 素材 > 制作小狮子 > 02"文件，单击"打开"按钮，图形被导入舞台窗口中。在"时间轴"面板中将"图层 1"重命名为"毛发"，如图 1-2 所示。

步骤③ 选择右侧工具箱中的"任意变形"工具，选中导入的图形，拖曳控制点，改变图形的大小。选择"选择"工具，拖曳图形到适当的位置，效果如图 1-3 所示。

图 1-2

图 1-3

图 1-3　彩图

步骤④ 保持图形的选取状态，按 Shift+F9 组合键，弹出"颜色"面板，选择"填充颜色"选项 ，输入新的颜色值（#713F0C），如图 1-4 所示。图形的颜色发生改变，如图 1-5 所示，在舞台窗口的空白处单击鼠标，取消图形的选择，效果如图 1-6 所示。

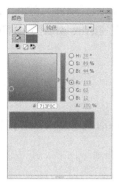  

图1-4 　　　　　　　　　　　　图1-5 　　　　图1-5　彩图 　　　　　　图1-6

步骤⑤ 按 Ctrl+S 组合键保存文件。

1.1.3　【相关工具】

1．菜单栏

Flash CS6 的菜单栏依次分为"文件"菜单、"编辑"菜单、"视图"菜单、"插入"菜单、"修改"菜单、"文本"菜单、"命令"菜单、"控制"菜单、"调试"菜单、"窗口"菜单及"帮助"菜单，如图 1-7 所示。

文件(F)　编辑(E)　视图(V)　插入(I)　修改(M)　文本(T)　命令(C)　控制(O)　调试(D)　窗口(W)　帮助(H)

图1-7

"文件"菜单：主要功能是创建、打开、保存、打印、输出动画，以及导入外部图形、图像、声音、动画文件，以便在当前动画中使用。

"编辑"菜单：主要功能是对舞台上的对象以及帧进行选择、复制、粘贴，以及自定义面板、设置参数等。

"视图"菜单：主要功能是设置环境。

"插入"菜单：主要功能是向动画中插入对象。

"修改"菜单：主要功能是修改动画中的对象。

"文本"菜单：主要功能是修改文字的外观、对齐文字以及对文字进行拼写检查等。

"命令"菜单：主要功能是保存、查找、运行命令。

"控制"菜单：主要功能是测试、播放动画。

"调试"菜单：主要功能是启动调试器，检查和修改变量的值，让程序运行到某个定点然后停止等。

"窗口"菜单：主要功能是控制各功能面板是否显示以及设置面板的布局。

"帮助"菜单：主要功能是提供 Flash CS6 在线帮助信息和支持站点的信息，包括教程和 ActionScript 帮助。

2．主工具栏

为方便用户使用，Flash CS6 将一些常用命令以按钮的形式组织到主工具栏中，置于操作界面的上方。主工具栏包含"新建"按钮、"打开"按钮、"转到 Bridge"按钮、"保存"按钮、"打印"按钮、"剪切"按钮、"复制"按钮、"粘贴"按钮、"撤销"按钮、"重做"按钮、"贴紧至对象"按钮、"平滑"按钮、"伸直"按钮、"旋转与倾斜"按钮、"缩放"按钮及"对齐"按钮，如图 1-8 所示。

图 1-8

选择"窗口 > 工具栏 > 主工具栏"命令，可以调出主工具栏，还可以通过拖曳鼠标指针来改变工具栏的位置。

"新建"按钮 □：新建一个 Flash 文件。

"打开"按钮 ☞：打开一个已存在的 Flash 文件。

"转到 Bridge"按钮 ：打开文件浏览窗口，可以浏览和选择文件。

"保存"按钮 ：保存当前正在编辑的文件，不退出编辑状态。

"打印"按钮 ：将当前编辑的内容发送至打印机输出。

"剪切"按钮 ：将选中的内容剪切到系统剪贴板中。

"复制"按钮 ：将选中的内容复制到系统剪贴板中。

"粘贴"按钮 ：将剪贴板中的内容粘贴到选定的位置。

"撤销"按钮 ：取消前面的操作。

"重做"按钮 ：还原被取消的操作。

"贴紧至对象"按钮 ：单击此按钮进入贴紧状态，用于绘图时调整对象，以便准确定位，设置动画路径时能自动粘连。

"平滑"按钮 ：使曲线或图形的外观更光滑。

"伸直"按钮 ：使曲线或图形的外观更平直。

"旋转与倾斜"按钮 ：改变舞台对象的旋转角度和倾斜变形。

"缩放"按钮 ：改变舞台中对象的大小。

"对齐"按钮 ：调整舞台中多个选中对象的对齐方式。

3．工具箱

工具箱提供了用于绘制和编辑图形的各种工具，分为"工具""查看""颜色"和"选项" 4 个功能区，如图 1-9 所示。选择"窗口 > 工具"命令或按 Ctrl+F2 组合键，可以调出工具箱。

◎ **"工具"区**

"工具"区用于提供选择、创建、编辑图形的工具，具体如下。

"选择"工具 ：选择和移动舞台上的对象，改变对象的大小和形状等。

"部分选取"工具 ：用来选择锚点、移动锚点和改变路径形状。

"任意变形"工具 ：对舞台上选定的对象进行缩放、扭曲和旋转变形。

"渐变变形"工具 ：对舞台上选定的对象填充渐变色变形。

图 1-9

"3D 旋转"工具 ：可以在 3D 空间中旋转影片剪辑实例。在使用该工具选择影片剪辑后，3D 旋转控件出现在选定对象之上。x 轴为红色，y 轴为绿色，z 轴为蓝色。使用橙色的自由旋转控件可同时绕 x 轴和 y 轴旋转。

"3D 平移"工具 ：可以在 3D 空间中移动影片剪辑实例。在使用该工具选择影片剪辑后，影片剪辑的 x、y 和 z 3 个轴将显示在舞台中对象的顶部。x 轴为红色，y 轴为绿色，z 轴为黑色。应用此工具可以将影片剪辑分别沿 x 轴、y 轴或 z 轴平移。

"套索"工具 ：在舞台上选择不规则的区域或多个对象。

"钢笔"工具 ：绘制直线和光滑的曲线，调整直线长度、角度、曲线曲率等。

"文本"工具 ：创建、编辑字符对象和文本窗体。

"线条"工具 ：绘制直线段。

"矩形"工具 ：绘制矩形矢量色块或图形。

"椭圆"工具 ：绘制椭圆形、圆形矢量色块或图形。

"基本矩形"工具 ：绘制基本矩形，此工具用于绘制图元对象。图元对象是允许用户在属性面板中调整特征的形状。可以在创建形状之后，精确控制形状的大小、边角半径，以及其他属性，而无需从头开始绘制。

"基本椭圆"工具 ：绘制基本椭圆形，此工具用于绘制图元对象。图元对象是允许用户在属性面板中调整特征的形状。可以在创建形状之后，精确控制形状的开始角度、结束角度、内径，以及其他属性，而无需从头开始绘制。

"多角星形"工具 ：绘制等比例的多边形。

"铅笔"工具 ：绘制任意形状的矢量图形。

"刷子"工具 ：绘制任意形状的矢量色块或图形。

"喷涂刷"工具 ：可以一次性将形状图案"刷"到舞台上。默认情况下，喷涂刷使用当期选定的填充颜色喷射粒子点，也可以使用"喷涂刷"工具将影片剪辑或图形元件作为图案应用。

"Deco"工具 ：可以对舞台上的选定对象应用效果。选择"Deco"工具后，可以从属性面板中选择要应用的效果样式。

"骨骼"工具 ：可以向影片剪辑、图形和按钮实例添加 IK 骨骼。

"绑定"工具 ：可以编辑单个骨骼和形状控制点之间的连接。

"颜料桶"工具 ：用来改变色块的颜色。

"墨水瓶"工具 ：用来改变向量线段、曲线和图形边框线的颜色。

"滴管"工具 ：将舞台图形的属性赋予当前绘图工具。

"橡皮擦"工具 ：擦除舞台上的图形。

◎ "查看"区

"查看"区用于改变舞台画面以便更好地观察。具体如下。

"手形"工具 ：移动舞台画面以便更好地观察。

"缩放"工具 ：改变舞台画面的显示比例。

◎ "颜色"区

"颜色"区用于选择绘制、编辑图形的笔触颜色和填充颜色，具体如下。

"笔触颜色"按钮 ：选择图形边框和线条的颜色。

"填充颜色"按钮 ◇：选择图形要填充区域的颜色。

"黑白"按钮 ■：系统默认的颜色。

"交换颜色"按钮 ⬄：可交换笔触颜色和填充颜色。

◎ "选项"区

不同的工具有不同的选项，通过"选项"区可以设置当前选择工具的属性。

4．时间轴

"时间轴"面板用于组织和控制文件内容在一定时间内播放。按照功能的不同，"时间轴"面板分为左、右两部分，即层控制区和时间线控制区，如图 1-10 所示。时间轴的主要组件是层、帧和播放头。

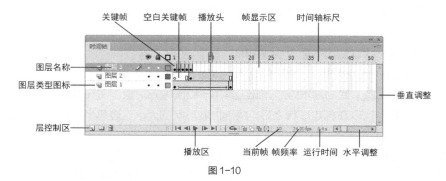

图 1-10

◎ 层控制区

层控制区位于时间轴的左侧。层就像堆叠在一起的多张幻灯胶片一样，每个层都包含一个显示在舞台中的不同图像。在层控制区中，可以显示舞台上正在编辑作品的所有层的名称、类型和状态，并可以通过工具按钮对层进行操作。

"新建图层"按钮 ⬚：增加新层。

"新建文件夹"按钮 ⬚：增加新的图层文件夹。

"删除"按钮 🗑：删除选定的层。

"显示或隐藏所有图层"按钮 👁：控制选定层的显示/隐藏状态。

"锁定或解除锁定所有图层"按钮 🔒：控制选定层的锁定/解锁状态。

"将所有图层显示为轮廓"按钮 ▢：控制选定层的显示图形外框/显示图形状态。

◎ 时间线控制区

时间线控制区位于时间轴的右侧，由帧、播放头和多个按钮及信息栏组成。Flash 文档将时间长度分为帧。每个层包含的帧显示在该层名右侧的一行中，时间轴顶部的时间轴标题指示帧编号，播放头指示舞台中当前显示的帧，信息栏显示当前帧编号、动画播放速率，以及到当前帧为止，动画的运行时间等信息。时间线控制区中按钮的基本功能如下。

"帧居中"按钮 ⬍：将当前帧显示到控制区窗口中间。

"绘图纸外观"按钮 ▤：在时间线上设置一个连续的显示帧区域，区域内的帧包含的内容同时显示在舞台上。

"绘图纸外观轮廓"按钮 ▢：在时间线上设置一个连续的显示帧区域，除当前帧外，区域内的帧包含的内容仅显示图形外框。

"编辑多个帧"按钮 ▤：在时间线上设置一个连续的显示帧区域，区域内的帧包含的内容可同时显示和编辑。

"修改绘图纸标记"按钮：单击该按钮会弹出一个多帧显示选项菜单，用来定义 2 帧、5 帧或全部帧内容。

5. 场景和舞台

场景是所有动画元素的活动空间，如图 1-11 所示。像多幕剧一样，场景可以不止一个。要查看特定场景，可以选择"视图 > 转到"命令，再从其子菜单中选择场景的名称。

场景也就是常说的舞台，是编辑和播放动画的矩形区域。在舞台上可以放置和编辑矢量插图、文本框、按钮、导入的位图图形和视频剪辑等，可以对舞台进行大小和颜色等设置。

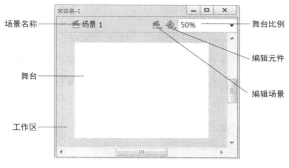

图 1-11

在舞台上可以显示网格和标尺，帮助用户准确定位。显示网格的方法是选择"视图 > 网格 > 显示网格"命令或按 Ctrl+' 组合键，显示网格如图 1-12 所示。显示标尺的方法是选择"视图 > 标尺"命令或按 Ctrl+Shift+Alt+R 组合键，显示标尺如图 1-13 所示。

在制作动画时，还常常需要辅助线来作为舞台上不同对象的对齐标准。需要时，可以从标尺向舞台拖曳鼠标以产生绿色的辅助线，如图 1-14 所示，它在动画播放时并不显示。不需要辅助线时，可以从舞台向标尺方向拖曳辅助线来删除，还可以通过"视图 > 辅助线 > 显示辅助线"命令显示出辅助线。选择"视图 > 辅助线 > 编辑辅助线"命令或按 Ctrl+Shift+Alt+G 组合键，可修改辅助线的颜色等属性。

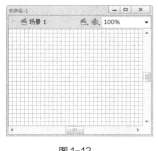
图 1-12

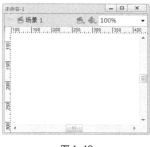
图 1-13

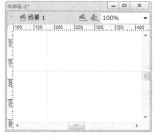
图 1-14

6. "属性"面板

对于正在使用的工具或资源，使用"属性"面板可以很容易地查看和更改它们的属性，从而简化文档的创建过程。选定单个对象，如文本、组件、形状、位图、视频、组或帧等时，"属性"面板可以显示相应的信息和设置，如图 1-15 所示。当选定了两个或多个不同类型的对象时，"属性"面板会显示选定对象的位置和大小，如图 1-16 所示。

图 1-15　　　　　　　　　　　　　　　　图 1-16

7."浮动"面板

"浮动"面板是 Flash CS6 中所有面板的统称，使用"浮动"面板可以查看、组合和更改资源。但屏幕的大小有限，为了使工作区尽量最大化，Flash CS6 提供了多种自定义工作区的方式。例如，可以通过"窗口"菜单显示和隐藏面板，还可以拖曳鼠标指针调整面板的大小以及重新组合面板，如图 1-17 和图 1-18 所示。

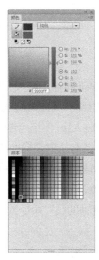

图 1-17　　　　　　　　　　　　　　　　图 1-18

1.2　文件设置

1.2.1　【操作目的】

通过打开效果文件熟练掌握"打开"命令，通过新建文件熟练掌握"新建"命令，通过关闭新建文件熟练掌握"保存"和"关闭"命令。

1.2.2　【操作步骤】

步骤❶ 打开 Flash CS6 软件，选择"文件 > 打开"命令，弹出"打开"对话框，如图 1-19 所示。选择云盘中的"Ch01 > 素材 > 绘制卡通小鸟 > 01"文件，单击"打开"按钮打开文件，如图 1-20 所示。

图 1-19

图 1-20

步骤② 按 Ctrl+A 组合键全选图形，如图 1-21 所示。按 Ctrl+C 组合键复制图形。选择"文件 > 新建"命令，在弹出的"新建文档"对话框中，将"背景颜色"设为黄绿色（#C6DC7C），其他选项的设置如图 1-22 所示，单击"确定"按钮，新建一个空白文档。

图 1-21

图 1-22

步骤③ 按 Ctrl+V 组合键粘贴图形到新建的空白文档中，并用鼠标拖曳到适当的位置，如图 1-23 所示。选择"文件 > 保存"命令，弹出"另存为"对话框，在"文件名"文本框中输入文件的名称，如图 1-24 所示，单击"保存"按钮保存文件。

图 1-23

图 1-24

步骤④ 选择"文件 > 导出 > 导出影片"命令，弹出"导出影片"对话框，在"文件名"文本框中输入新的名称，在"保存类型"下拉列表中选择"SWF 影片（*.swf）"，如图 1-25 所示，单击"保存"按钮，完成影片的输出。

图 1-25

步骤⑤ 单击舞台窗口右上角的按钮，关闭窗口。再次单击舞台窗口右上角的按钮，关闭打开的 01 文件。单击软件界面标题栏右侧的"关闭"按钮，可关闭软件。

1.2.3　【相关工具】

1. 新建文件

新建文件是使用 Flash CS6 进行设计的第一步。

选择"文件 > 新建"命令，弹出"新建文档"对话框，如图 1-26 所示。在对话框中可以创建 Flash 文档，设置 Flash 影片的媒体和结构；可以创建基于窗体的 Flash 应用程序以应用于 Internet；也可以创建用于控制影片的外部动作脚本文件等。选择完成后，单击"确定"按钮，即可新建文件，如图 1-27 所示。

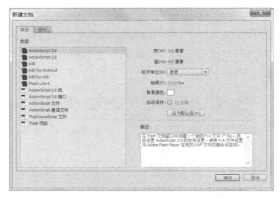

图 1-26

图 1-27

2. 打开文件

要修改已完成的动画文件，必须先将其打开。

选择"文件 > 打开"命令，弹出"打开"对话框，在对话框中搜索路径和文件，确认文件的类型和名称，如图 1-28 所示。然后单击"打开"按钮，或直接双击文件，即可打开指定的动画文件，如图 1-29 所示。

图 1-28   图 1-29

在"打开"对话框中，也可以一次打开多个文件，只需在文件列表中选中所需的几个文件，然后单击"打开"按钮，系统将逐个打开这些文件，以免多次反复调用"打开"对话框。在"打开"对话框中，按住 Ctrl 键的同时，用鼠标单击可以选择不连续的文件；按住 Shift 键的同时，用鼠标单击第一个和最后一个文件可以选择连续的文件。

3．保存文件

编辑和制作完动画后，需要保存动画文件。

通过"文件"菜单中的"保存""另存为"和"另存为模板"等命令可以将文件保存在磁盘中，如图 1-30 所示。当设计好作品进行第一次存储时，选择"保存"命令，弹出"另存为"对话框，如图 1-31 所示，在对话框中设置文件名和保存类型，单击"保存"按钮，即保存文件。

图 1-30   图 1-31

当对已经保存过的动画文件进行编辑操作后，选择"保存"命令，将不再弹出"另存为"对话框，系统直接保留最新确认的结果，并覆盖原始文件。因此，在未确定是否要放弃原始文件之前，应慎用此命令。

若既要保留修改过的文件，又不想放弃原文件，可以选择"文件 > 另存为"命令，弹出"另存为"对话框。在该对话框中可以为重命名更改文件名、选择路径和设定保存类型，然后保存。这样原文件将保持不变。

4. 输出影片格式

Flash CS6 可以输出多种格式的影片，以下是常用影片格式。

◎ **SWF 影片（*.swf）**

SWF 动画是网页中常见的影片格式，它是以.swf 为后缀的文件，具有动画、声音和交互等功能，它需要在浏览器中安装 Flash 播放器插件才能观看。将整个文档导出为具有动画效果和交互功能的 Flash SWF 文件，以便将 Flash 内容导入其他应用程序中，如导入 Dreamweaver 中。

选择"文件 > 导出 > 导出影片"命令，弹出"导出影片"对话框，在"文件名"文本框中输入要导出动画文件的名称，在"保存类型"下拉列表中选择"SWF 影片（*.swf）"，如图 1-32 所示，单击"保存"按钮，即可导出影片。

图 1-32

提示

在以 SWF 格式导出 Flash 文件时，文本以 Unicode 格式进行编码。Unicode 是一种文字信息的通用字符集编码标准，它采用 16 位编码格式。也就是说，Flash 文件中的文字使用双位元组字符集进行编码。

◎ **Windows AVI (*.avi)**

Windows AVI 是标准的 Windows 影片格式，它是一种很好的、用于在视频编辑应用程序中打开 Flash 动画的格式。由于 AVI 是基于位图的格式，因此如果包含的动画很长或者分辨率比较高，文件就会非常大。将 Flash 文件导出为 Windows 视频时，会丢失所有的交互性。

选择"文件 > 导出 > 导出影片"命令，弹出"导出影片"对话框，在"文件名"文本框中输入要导出视频文件的名称，在"保存类型"下拉列表中选择"Windows AVI (*.avi)"，如图 1-33 所示，单击"保存"按钮，弹出"导出 Windows AVI"对话框，如图 1-34 所示。

图 1-33

图 1-34

"宽"和"高"选项：可以指定 AVI 影片的宽度和高度，以像素为单位。当宽度和高度两者只指定一个时，另一个尺寸会自动设置，这样会保持原始文档的高宽比。

"保持高宽比"选项：取消勾选此选项，可以分别设置宽度和高度。

"视频格式"选项：可以选择输出作品的颜色位数。目前许多应用程序不支持 32 位色的图像格式，如果使用这种格式时出现问题，可以使用 24 位色的图像格式。

"压缩视频"选项：勾选此选项，可以选择标准的 AVI 压缩选项。

"平滑"选项：可以消除导出 AVI 影片中的锯齿。勾选此选项，能产生高质量的图像。背景为彩色时，AVI 影片可能会在图像的周围产生模糊，此时，不勾选此选项。

"声音格式"选项：设置音轨的取样比率和大小，以及是以单声还是以立体声导出声音。取样率高，声音的保真度就高，但占据的存储空间也大。取样率和大小越小，导出的文件就越小，但可能会影响声音品质。

◎ **WAV 音频（*.wav）**

可以将动画中的音频对象导出，并以 WAV 音频格式保存。

选择"文件 > 导出 > 导出影片"命令，弹出"导出影片"对话框，在"文件名"文本框中输入要导出音频文件的名称，在"保存类型"下拉列表中选择"WAV 音频 (*.wav)"，如图 1-35 所示，单击"保存"按钮，弹出"导出 Windows WAV"对话框，如图 1-36 所示。

图 1-35 图 1-36

"声音格式"选项：可以设置导出声音的取样频率、比特率以及立体声或单声。

"忽略事件声音"选项：勾选此选项，可以从导出的音频文件中排除事件声音。

◎ **JPEG 图像（*.jpg）**

可以将 Flash 文档中当前帧上的对象导出为 JPEG 位图文件。JPEG 格式图像为高压缩比的 24 位位图。JPEG 格式适合显示包含连续色调（如照片、渐变色或嵌入位图）的图像。其导出设置与位图 (*.bmp) 相似，这里不再赘述。

◎ **GIF 动画（*.gif）**

网页中常见的动态图标大部分是 GIF 动画形式，它由多个连续的 GIF 图像组成。Flash 动画时间轴上的每一帧都会变为 GIF 动画中的一幅图片。GIF 动画不支持声音和交互，并比不含声音的 SWF 动画文件要大。

选择"文件 > 导出 > 导出影片"命令，弹出"导出影片"对话框，在"文件名"文本框中输入要导出动画文件的名称，在"保存类型"下拉列表中选择"GIF 动画 (*.gif)"，如图 1-37 所示，单击"保存"按钮，弹出"导出 GIF"对话框，如图 1-38 所示。

"宽"和"高"选项：设置 GIF 动画的尺寸。

"分辨率"选项：设置导出动画的分辨率，并且让 Flash CS6 根据图形的大小自动计算宽度和高度。单击"匹配屏幕"按钮，可以将分辨率设置为与显示器相匹配。

"颜色"选项：创建导出图像的颜色数量。

"透明"选项：勾选此选项，输出的 GIF 动画的背景色为透明。

"交错"选项：勾选此选项，浏览者在下载过程中，动画以交互方式显示。

"平滑"选项：勾选此选项，对输出的 GIF 动画进行平滑处理。

"抖动纯色"选项：勾选此选项，对 GIF 动画中的色块进行抖动处理，以提高画面质量。

"动画"选项：可以设置 GIF 动画的播放次数。

图 1-37　　　　　　　　　　　　　　　　　　图 1-38

◎ PNG 序列（*.png）

PNG 是一种可以跨平台支持透明度的图像格式。选择"文件 > 导出 > 导出影片"命令，弹出"导出影片"对话框，在"文件名"文本框中输入要导出序列文件的名称，在"保存类型"下拉列表中选择"PNG 序列 (*.png)"，如图 1-39 所示，单击"保存"按钮，弹出"导出 PNG"对话框，如图 1-40 所示。

图 1-39　　　　　　　　　　　　　　　　　　图 1-40

"宽"和"高"选项：设置 PNG 图片的尺寸大小。

"分辨率"选项：设置导出图片的分辨率，并且让 Flash CS6 根据图形的大小自动计算宽度和高度。

"包含"选项：设置导出图片的区域大小。

"颜色"选项：创建导出图片的颜色数量。

"平滑"选项：勾选此选项，对输出的 PNG 图片进行平滑处理。

02 第 2 章
卡片设计

设计精美的 Flash 卡片可以传递温馨的祝福，带给大家无限的欢乐。本章以制作多个类别的卡片为例，介绍卡片的设计方法和制作技巧。读者通过本章的学习，能够独立制作出自己喜爱的卡片。

课堂学习目标

- ✔ 了解卡片的表现手法
- ✔ 掌握卡片的制作方法和技巧
- ✔ 掌握卡片的设计思路和流程

2.1　绘制天气图标

2.1.1　【案例分析】

图标是具有指代意义的图形，一个好的图标对企业来说非常重要。本案例是为某 App 制作天气图标。图标制作要求通过简洁的绘画语言，表现出天气图标的特点和图标特色。

2.1.2　【设计理念】

在设计过程中，以蓝色为主色调，云朵造型的设计直接点明主旨，不同颜色的重叠设计，显示出天气变幻莫测的特点，体现出与众不同的特色。整个图标简洁、明了却又烘托出图标的特点，卡通的造型设计，给人印象深刻。最终效果参看云盘中的"Ch02 > 效果 > 绘制天气图标"，如图 2-1 所示。

图 2-1

2.1.3　【操作步骤】

步骤❶ 选择"文件 > 新建"命令，弹出"新建文档"对话框，在"常规"选项卡中选择"ActionScript 3.0"选项，将"宽"选项设为 550，"高"选项设为 400，单击"确定"按钮，完成文档的创建。

步骤❷ 在"时间轴"面板中，将"图层 1"重命名为"云"，如图 2-2 所示。选择"基本椭圆"工具 ，在基本椭圆工具"属性"面板中，将"笔触颜色"设为黑色，"填充颜色"设为无，"笔触"选项设为 1，其他选项的设置如图 2-3 所示。在舞台窗口中绘制一个圆形，效果如图 2-4 所示。用相同的方法绘制多个圆形，效果如图 2-5 所示。

图 2-2

图 2-3

图 2-4

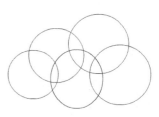

图 2-5

步骤❸ 选择"选择"工具 ，在舞台窗口中选中所有圆形，如图 2-6 所示。在工具箱中将"填充颜色"设为深蓝色（#0085D0），"笔触颜色"设为无，效果如图 2-7 所示。按 Ctrl+B 组合键，将图形打散，效果如图 2-8 所示。

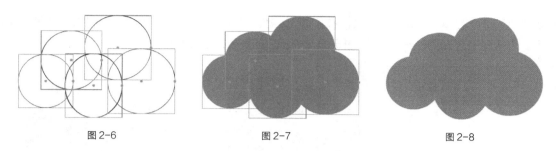

图 2-6   图 2-7   图 2-8

步骤 ④ 选择"椭圆"工具 ⬭，在工具箱中将"填充颜色"设为无，"笔触颜色"设为黑色，在舞台窗口中绘制一个椭圆形，如图 2-9 所示。选择"窗口 > 变形"命令，弹出"变形"面板，将"旋转"选项设为-8.5，按 Enter 键确认操作，效果如图 2-10 所示。

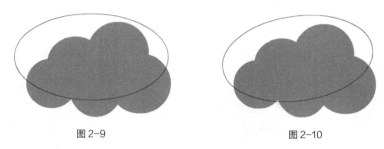

图 2-9   图 2-10

步骤 ⑤ 选择"选择"工具 ▶，选中图 2-11 所示的图形，在工具箱中将"填充颜色"设为蓝色（#00A1E9），效果如图 2-12 所示。

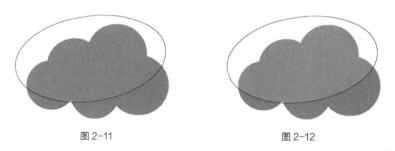

图 2-11   图 2-12

步骤 ⑥ 在黑色边线上双击鼠标将其选中，如图 2-13 所示。按 Delete 键，将其删除，效果如图 2-14 所示。

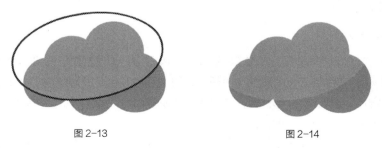

图 2-13   图 2-14

步骤 ⑦ 单击"时间轴"面板下方的"新建图层"按钮 ▣，创建新图层并将其命名为"眼睛"，如图 2-15 所示。选择"椭圆"工具 ⬭，在工具箱中将"笔触颜色"设为无，"填充颜色"设为白色，单击工具箱下方的"对象绘制"按钮⬤，按住 Shift 键的同时，在舞台窗口中绘制一个圆形，如图 2-16 所示。用相同的方法绘制多个圆形，并分别填充相应的颜色，效果如图 2-17 所示。

图 2-15　　　　　　　　　图 2-16　　　　　　　　　图 2-17

步骤⑧　在"时间轴"面板中单击"眼睛"图层，将该层中的图形全部选中，如图 2-18 所示。按 Ctrl+G 组合键，将选中的图形编组，效果如图 2-19 所示。

图 2-18　　　　　　　　　　　　　图 2-19

步骤⑨　选择"选择"工具➤，选中组合对象，按住 Alt 键的同时向右拖曳到适当的位置，松开鼠标，复制图形，效果如图 2-20 所示。在"变形"面板中，将"缩放宽度"选项和"缩放高度"选项均设为 150%，"旋转"选项设为 125，如图 2-21 所示，效果如图 2-22 所示。

图 2-20　　　　　　　　　图 2-21　　　　　　　　　图 2-22

步骤⑩　单击"时间轴"面板下方的"新建图层"按钮🗋，创建新图层并将其命名为"线条"。选择"线条"工具＼，在线条工具"属性"面板中，将"笔触颜色"设为蓝色（#00A1E9），"笔触"选项设为 11，"端点"选项设为"圆角"，其他选项的设置如图 2-23 所示。在舞台窗口中按住 Shift 键的同时绘制一条直线，效果如图 2-24 所示。

步骤⑪　选择"选择"工具➤，选中线条，按住 Alt 键的同时向下拖曳线条到适当的位置，松开鼠标，复制线条，效果如图 2-25 所示。按两次 Ctrl+Y 组合键，重复上次动作复制线条，效果如图 2-26 所示。用上述方法制作出图 2-27 所示的效果。天气图标绘制完成，按 Ctrl+Enter 组合键即可查看效果。

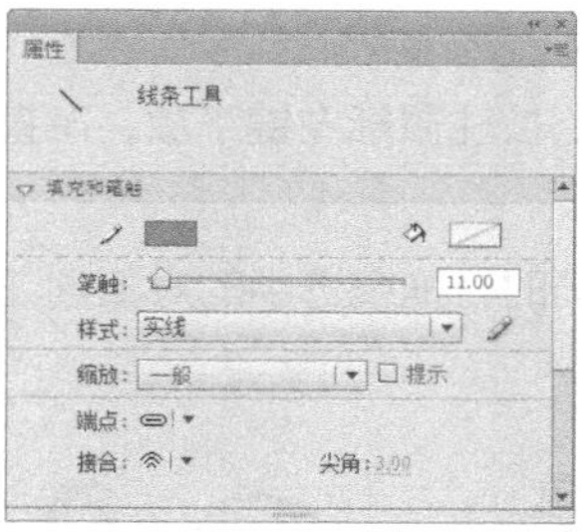

图 2-23

图 2-24

图 2-25

图 2-26

图 2-27

2.1.4 【相关工具】

1. 选择工具

选择“选择”工具，工具箱下方出现图 2-28 所示的按钮，利用这些按钮可以完成以下工作。

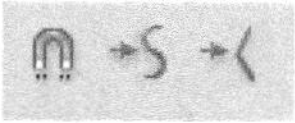

图 2-28

“贴紧至对象”按钮：自动将舞台上的两个对象定位到一起，一般在制作引导层动画时，可利用此按钮将关键帧的对象锁定到引导路径上，此按钮还可以将对象定位到网格上。

“平滑”按钮：可以柔化选择的曲线条。当选中对象时，此按钮变为可用。

“伸直”按钮：可以锐化选择的曲线条。当选中对象时，此按钮变为可用。

◎ 选择对象

打开云盘中的“基础素材 > Ch02 > 01”文件。选择“选择”工具，在舞台中的对象上单击鼠标进行点选，如图 2-29 所示。按住 Shift 键再点选对象，可以同时选中多个对象，如图 2-30 所示。在舞台中拖曳出一个矩形可以框选对象，如图 2-31 所示。

图 2-29

图 2-30

图 2-31

◎ 移动和复制对象

　　选择"选择"工具 ，选中对象，如图 2-32 所示。按住鼠标左键不放，可直接拖曳对象到任意位置，如图 2-33 所示。

　　选择"选择"工具 ，选中对象，按住 Alt 键的同时，拖曳选中的对象到任意位置，选中的对象被复制，如图 2-34 所示。

　　　图 2-32　　　　　　　　　图 2-33　　　　　　　　　图 2-34

◎ 调整向量线条和色块

　　选择"选择"工具 ，将鼠标指针移至对象上，鼠标指针下方出现圆弧 ，如图 2-35 所示。可拖动鼠标调整选中的线条和色块，如图 2-36 所示。

　　　　　图 2-35　　　　　　　　　　　图 2-36

2. 线条工具

　　选择"线条"工具 ，在舞台上单击鼠标，按住鼠标左键不放并向右拖曳到需要的位置，绘制出一条直线，松开鼠标，直线效果如图 2-37 所示。在线条工具"属性"面板中可以设置不同的线条颜色、线条大小、线条样式，如图 2-38 所示。设置不同的线条属性后，绘制的线条如图 2-39 所示。

　　　图 2-37　　　　　　　　　图 2-38　　　　　　　　　图 2-39

　　　　选择"线条"工具 时，如果按住 Shift 键的同时，拖曳鼠标进行绘制，则限制线条工具只能在 45°或 45°倍数的方向绘制直线。线条工具无法设置填充属性。

3. 矩形工具

选择"矩形"工具▭，在舞台上单击并按住鼠标左键不放，向需要的位置拖曳鼠标，可绘制出矩形图形，松开鼠标，矩形效果如图 2-40 所示。按住 Shift 键的同时绘制图形，可以绘制出正方形，如图 2-41 所示。

可以在矩形工具"属性"面板中设置不同的笔触颜色、笔触大小、笔触样式和填充颜色，如图 2-42 所示。设置不同的边框属性和填充颜色后，绘制的图形如图 2-43 所示。

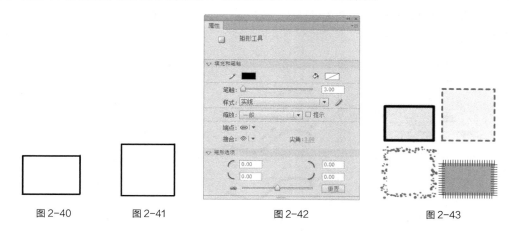

图 2-40   图 2-41   图 2-42   图 2-43

可以应用矩形工具绘制圆角矩形。选择"属性"面板，在"矩形边角半径"数值框中输入需要的数值，如图 2-44 所示。输入的数值不同，绘制出的圆角矩形也不同，效果如图 2-45 所示。

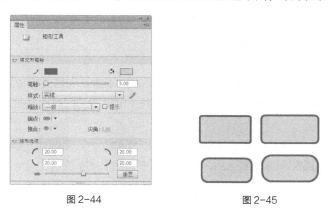

图 2-44   图 2-45

4. 铅笔工具

选择"铅笔"工具✐，在舞台上单击并按住鼠标左键不放，在舞台上随意绘制出线条，松开鼠标，线条效果如图 2-46 所示。如果想绘制出平滑或伸直的线条和形状，可以在工具箱下方的选项区域中为铅笔工具选择一种绘画模式，如图 2-47 所示。

图 2-46   图 2-47

　　"伸直"选项：可以绘制直线，并将接近三角形、椭圆、圆形、矩形和正方形的形状转换为这些常见的几何形状。

　　"平滑"选项：可以绘制平滑曲线。

　　"墨水"选项：可以绘制不用修改的手绘线条。

　　可以在铅笔工具"属性"面板中设置不同的线条颜色、线条大小、线条样式，如图 2-48 所示。设置不同的线条属性后，绘制的图形如图 2-49 所示。

　　单击"属性"面板右侧的"编辑笔触样式"按钮 ，弹出"笔触样式"对话框，如图 2-50 所示，在对话框中可以自定义笔触样式。

图 2-48　　　　　　　　　　　图 2-49　　　　　　　　　　　图 2-50

　　"4 倍缩放"复选框：勾选此复选框，可以放大 4 倍预览。

　　"粗细"选项：可以设置线条的粗细。

　　"锐化转角"复选框：勾选此复选框，可以使线条的转折效果变得明显。

　　"类型"下拉列表：可以从中选择线条的类型。

5. 椭圆工具

　　选择"椭圆"工具 ，在舞台上单击并按住鼠标左键不放，向需要的位置拖曳鼠标，绘制出椭圆图形，松开鼠标，图形效果如图 2-51 所示。在按住 Shift 键的同时绘制图形，可以绘制出圆形，效果如图 2-52 所示。

　　在椭圆工具"属性"面板中设置不同的笔触颜色、笔触大小、笔触样式和填充颜色，如图 2-53 所示。设置不同的边框属性和填充颜色后，绘制的图形如图 2-54 所示。

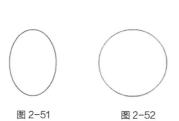

图 2-51　　　　　　图 2-52　　　　　　　　图 2-53　　　　　　　图 2-54

6. 刷子工具

选择"刷子"工具 ，在舞台上单击并按住鼠标左键不放，随意绘制出笔触，松开鼠标，图形效果如图 2-55 所示。在刷子工具"属性"面板中设置不同的笔触颜色和平滑度，如图 2-56 所示。

应用工具箱下方的"刷子大小"选项 和"刷子形状"选项 ，可以设置刷子的大小与形状，设置不同的刷子形状后，绘制的笔触效果如图 2-57 所示。

图 2-55　　　　　　　图 2-56　　　　　　　　　　　　图 2-57

系统在工具箱的下方提供了 5 种刷子的模式，如图 2-58 所示。

"标准绘画"模式：在同一层的线条和填充上以覆盖的方式涂色。

"颜料填充"模式：对填充区域和空白区域进行涂色，其他部分（如边框线）不受影响。

"后面绘画"模式：在舞台同一层的空白区域涂色，但不影响原有的线条和填充。

"颜料选择"模式：在选定的区域内涂色，未被选中的区域不能涂色。

"内部绘画"模式：在内部填充上绘图，但不影响线条。如果在空白区域中开始涂色，则该填充不会影响任何现有的填充区域。

应用不同的模式绘制出的效果如图 2-59 所示。

　　　　　　　　　　标准绘画　　颜料填充　　后面绘画　　颜料选择　　内部绘画

图 2-58　　　　　　　　　　　　图 2-59

"锁定填充"按钮 ：先为刷子选择径向渐变色彩，没有单击此按钮时，用刷子绘制出的每个线条都有自己完整的渐变过程，线条与线条之间不会相互影响，如图 2-60 所示。单击此按钮时，颜色的渐变过程形成一个固定的区域，在这个区域内，刷子绘制到的地方，会显示出相应的色彩，如图 2-61 所示。

图 2-60　　　图 2-60　彩图效果　　　　　　图 2-61　　　图 2-60　彩图效果

在使用刷子工具涂色时，可以使用导入的位图作为填充。

导入云盘中的"基础素材 > Ch02 > 02"文件，如图 2-62 所示。选择"窗口 > 颜色"命令，弹出"颜色"面板，选择"填充颜色"选项 <img>，将"颜色类型"设为"位图填充"，用刚才导入的位图作为填充图案，如图 2-63 所示。选择"刷子"工具 <img>，在窗口中随意绘制一些笔触，效果如图 2-64 所示。

图 2-62   图 2-63   图 2-64

7. 钢笔工具

选择"钢笔"工具 <img>，将鼠标指针放置在舞台上想要绘制曲线的起始位置，单击鼠标，此时出现第 1 个锚点，并且钢笔尖光标变为箭头形状，如图 2-65 所示。将鼠标指针放置在想要绘制的第 2 个锚点的位置，单击鼠标并按住鼠标左键不放，绘制出一条直线段，如图 2-66 所示。将鼠标指针向其他方向拖曳，直线转换为曲线，如图 2-67 所示。松开鼠标，一条曲线绘制完成，如图 2-68 所示。

图 2-65   图 2-66   图 2-67   图 2-68

用相同的方法可以绘制出由多条曲线段组合而成的不同样式的曲线，如图 2-69 所示。

在绘制线段时，如果按住 Shift 键，再进行绘制，绘制出的线段被限制为倾斜 45°或 45°的倍数，如图 2-70 所示。

图 2-69   图 2-70

在绘制线段时，"钢笔"工具 <img> 的鼠标指针会产生不同的变化，其表示的含义也不同。

添加锚点：当鼠标指针变为 <img> 形状时，如图 2-71 所示，在线段上单击鼠标会增加一个锚点，这样有助于更精确地调整线段。增加锚点后的效果如图 2-72 所示。

图 2-71   图 2-72

删除锚点：当鼠标指针变为 形状时，如图 2-73 所示，在线段上单击锚点，会将这个锚点删除。删除锚点后的效果如图 2-74 所示。

转换锚点：当鼠标指针变为 形状时，如图 2-75 所示，在线段上单击锚点，会将这个锚点从曲线节点转换为直线节点。转换节点后的效果如图 2-76 所示。

| 图 2-73 | 图 2-74 | 图 2-75 | 图 2-76 |

> **提示**
>
> 选择"钢笔"工具绘画时，若在用铅笔、刷子、线条、椭圆或矩形工具创建的对象上单击，就可以调整对象的节点，以改变这些线条的形状。

8. 多角星形工具

应用多角星形工具可以绘制出不同样式的多边形和星形。选择"多角星形"工具 ，在舞台上单击并按住鼠标左键不放，向需要的位置拖曳鼠标，即可绘制出多边形。松开鼠标，多边形效果如图 2-77 所示。

可以在多角星形工具"属性"面板中设置不同的边框颜色、边框粗细、边框线型和填充颜色，如图 2-78 所示。设置不同的边框属性和填充颜色后，绘制的图形效果如图 2-79 所示。

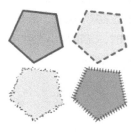

| 图 2-77 | 图 2-78 | 图 2-79 |

单击属性面板下方的"选项"按钮 ，弹出"工具设置"对话框，如图 2-80 所示，在对话框中可以自定义多边形的各种属性。

"样式"选项：选择绘制多边形或星形。

"边数"选项：设置多边形的边数，其取值范围为 3～32。

"星形顶点大小"选项：输入一个 0～1 的数字以指定星形顶点的深度。此数字越接近 0，创建的顶点就越深。此选项在多边形的形状绘制中不起作用。

设置的数值不同，绘制出的多边形和星形也不同，如图 2-81 所示。

9. 颜料桶工具

打开云盘中的"基础素材 > Ch02 > 03"文件，如图 2-82 所示。选择"颜料桶"工具 ，在颜料桶工具"属性"面板中将"填充颜色"设为绿色（#33FF33），如图 2-83 所示。在线框内单击鼠标，线框内被填充颜色，效果如图 2-84 所示。

图 2-80

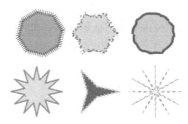

图 2-81

系统在工具箱的下方提供了 4 种填充模式，如图 2-85 所示。

图 2-82

图 2-83

图 2-84

图 2-85

"不封闭空隙"模式：选择此模式时，只有在完全封闭的区域，颜色才能被填充。

"封闭小空隙"模式：选择此模式时，当边线上存在小空隙时，允许填充颜色。

"封闭中等空隙"模式：选择此模式时，当边线上存在中等空隙时，允许填充颜色。

"封闭大空隙"模式：选择此模式时，当边线上存在大空隙时，允许填充颜色。当选择"封闭大空隙"模式时，无论是小空隙还是中等空隙，都可以填充颜色。

根据线框空隙的大小，应用不同的模式进行填充，效果如图 2-86 所示。

不封闭空隙

封闭小空隙

封闭中等空隙

封闭大空隙

图 2-86

"锁定填充"按钮：可以锁定填充颜色，锁定后，填充颜色不能更改。

没有选择此按钮时，填充颜色可以根据需要更改，如图 2-87 所示。

选择此按钮时，将鼠标指针放置在填充颜色上，鼠标指针变为形状，填充颜色被锁定，不能随意更改，如图 2-88 所示。

图 2-87 　　　　　　　　　　　　　　　　图 2-88

10. 渐变变形工具

使用"渐变变形"工具可以改变选中图形的渐变填充效果。当图形的填充色为线性渐变色时，选择"渐变变形"工具 ，用鼠标单击图形，出现 3 个控制点和 2 条平行线，如图 2-89 所示。向图形中间拖曳方形控制点，渐变区域缩小，如图 2-90 所示，效果如图 2-91 所示。

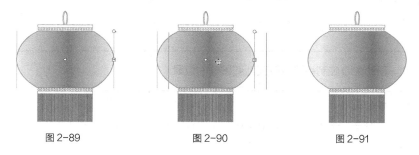

图 2-89 　　　　　　　　图 2-90 　　　　　　　　图 2-91

将鼠标指针放置在旋转控制点上，鼠标指针变为 形状，拖动旋转控制点来改变渐变区域的角度，如图 2-92 所示，效果如图 2-93 所示。

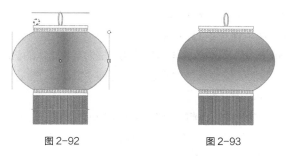

图 2-92 　　　　　　　　　　　图 2-93

当图形的填充色为径向渐变色时，选择"渐变变形"工具 ，用鼠标单击图形，出现 4 个控制点和 1 个圆形外框，如图 2-94 所示。向图形外侧水平拖曳方形控制点，水平拉伸渐变区域，如图 2-95 所示，效果如图 2-96 所示。

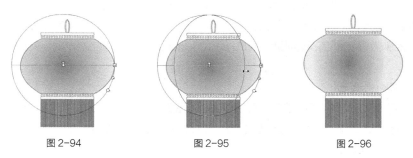

图 2-94 　　　　　　　　图 2-95 　　　　　　　　图 2-96

　　将鼠标指针放置在圆形边框中间的圆形控制点上，鼠标指针变为⊙形状，向图形内部拖动鼠标，缩小渐变区域，如图 2-97 所示，效果如图 2-98 所示。将鼠标指针放置在圆形边框外侧的圆形控制点上，鼠标指针变为↻形状，向上旋转拖动控制点，改变渐变区域的角度，如图 2-99 所示，效果如图 2-100 所示。

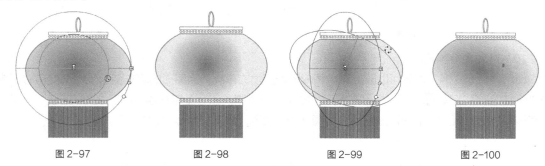

图 2-97　　　　　　　　　图 2-98　　　　　　　　　图 2-99　　　　　　　　　图 2-100

 提示

移动中心控制点可以改变渐变区域的位置。

11．"颜色"面板

　　选择"窗口 > 颜色"命令，或按 Alt+Shift+F9 组合键，弹出"颜色"面板。

◎　**自定义纯色**

　　在"颜色"面板的"类型"下拉列表中，选择"纯色"选项，如图 2-101 所示。

　　"笔触颜色"按钮 ✎：可以设定矢量线条的颜色。

　　"填充颜色"按钮 ⬚：可以设定填充色的颜色。

　　"黑白"按钮 ▪：单击此按钮，笔触颜色与填充颜色恢复为系统默认的状态。

　　"无色"按钮 ⬚：用于取消矢量线条或填充色块。选择"椭圆"工具 ◯ 或"矩形"工具 ▢ 时，此按钮为可用状态。

　　"交换颜色"按钮 ⬚：单击此按钮，可以将笔触颜色和填充颜色互换。

　　"H、S、B"和"R、G、B"选项：可以用精确数值来设定颜色。

　　"A"选项：用于设定颜色的不透明度，数值取值范围为 0～100。

　　在面板下方的颜色选择区域内，可以根据需要选择相应的颜色。

图 2-101

◎　**自定义线性渐变色**

　　选择"颜色"面板，在"颜色类型"下拉列表中选择"线性渐变"选项，如图 2-102 所示。将鼠标指针放置在滑动色带上，鼠标指针变为 ◣ 形状，在色带上单击鼠标增加颜色控制点，并在面板下方为新增加的控制点设定颜色及透明度，如图 2-103 所示。当要删除控制点时，只需将控制点向色带下方拖曳。

◎　**自定义径向渐变色**

　　选择"颜色"面板，在"颜色类型"下拉列表中选择"径向渐变"选项，面板如图 2-104 所示。用与定义线性渐变色相同的方法在色带上定义径向渐变色，定义完成后，在面板的左下方显示出定义的渐变色，如图 2-105 所示。

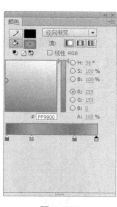

| 图 2-102 | 图 2-103 | 图 2-104 | 图 2-105 |

12. 任意变形工具

在制作图形的过程中，可以应用"任意变形"工具来改变图形的大小及倾斜度，也可以应用"渐变变形"工具改变图形中渐变填充颜色的渐变效果。

打开云盘中的"基础素材 > Ch02 > 05"文件。选中图形，多次按 Ctrl+B 组合键将其打散。选择"任意变形"工具 [X]，在图形的周围出现控制点，如图 2-106 所示。拖动控制点改变图形的大小，如图 2-107 和图 2-108 所示（按住 Shift 键再拖动控制点，可等比例改变图形大小）。

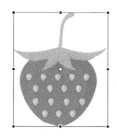

| 图 2-106 | 图 2-107 | 图 2-108 |

将鼠标指针放在 4 个角的控制点上，鼠标指针变为 ↻ 形状，如图 2-109 所示。拖动鼠标旋转图形，效果如图 2-110 和图 2-111 所示。

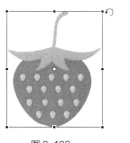

| 图 2-109 | 图 2-110 | 图 2-111 |

系统在工具箱的下方提供了 4 种变形模式，如图 2-112 所示。

"旋转与倾斜" [↻] 模式：选中图形，选择"旋转与倾斜"模式，将鼠标指针放在图形上方中间的控制点上，鼠标指针变为 ⇌ 形状，按住鼠标左键不放，向

图 2-112

右水平拖曳控制点，如图 2-113 所示。松开鼠标，图形变为倾斜状态，如图 2-114 所示。

　　"缩放" 🔲 模式：选中图形，选择 "缩放" 模式，将鼠标指针放在图形右上方的控制点上，鼠标指针变为 ↙ 形状，如图 2-115 所示，按住鼠标左键不放，向左下方拖曳控制点，松开鼠标，图形变小，如图 2-116 所示。

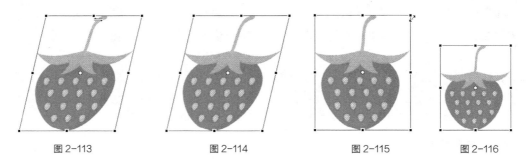

　图 2-113　　　　　　　图 2-114　　　　　　　图 2-115　　　　　　　图 2-116

　　"扭曲" 模式 🔳：选中图形，选择 "扭曲" 模式，将鼠标指针放在图形右上方的控制点上，鼠标指针变为 ▷ 形状，按住鼠标左键不放，向左下方拖曳控制点，如图 2-117 所示，松开鼠标，图形扭曲，如图 2-118 所示。

　　"封套" 模式 🔘：选中图形，选择 "封套" 模式，图形周围出现节点，调节这些节点可以改变图形的形状。鼠标指针变为 ▷ 形状时拖动节点，如图 2-119 所示，松开鼠标，图形形状被改变，效果如图 2-120 所示。

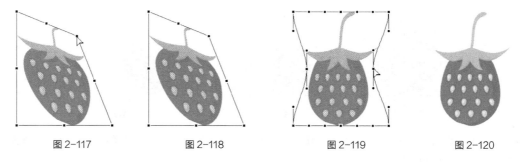

　图 2-117　　　　　　　图 2-118　　　　　　　图 2-119　　　　　　　图 2-120

13. 图层的设置

◎ 层的快捷菜单

用鼠标右键单击 "时间轴" 面板中的图层名称，弹出快捷菜单，如图 2-121 所示，具体如下。

"显示全部" 命令：用于显示所有的隐藏图层和图层文件夹。

"锁定其他图层" 命令：用于锁定除当前图层以外的所有图层。

"隐藏其他图层" 命令：用于隐藏除当前图层以外的所有图层。

"插入图层" 命令：用于在当前图层上创建一个新的图层。

"删除图层" 命令：用于删除当前图层。

"剪切图层"：用于将当前图层剪切到剪切板中。

"拷贝图层"：用于拷贝当前图层。

"粘贴图层"：用于粘贴所拷贝的图层。

"复制图层"：用于复制当前图层并生成一个复制图层。

"引导层"命令：用于将当前图层转换为普通引导层。

"添加传统运动引导层"命令：用于将当前图层转换为运动引导层。

"遮罩层"命令：用于将当前图层转换为遮罩层。

"显示遮罩"命令：用于在舞台窗口中显示遮罩效果。

"插入文件夹"命令：用于在当前图层上创建一个新的层文件夹。

"删除文件夹"命令：用于删除当前的层文件夹。

"展开文件夹"命令：用于展开当前的层文件夹，显示出其包含的图层。

"折叠文件夹"命令：用于折叠当前的层文件夹。

"展开所有文件夹"命令：用于展开"时间轴"面板中的所有层文件夹，显示出包含的图层。

"折叠所有文件夹"命令：用于折叠"时间轴"面板中的所有层文件夹。

"属性"命令：用于设置图层的属性。

图 2-121

◎ 创建图层

为了分门别类地组织动画内容，需要创建图层。选择"插入 > 时间轴 > 图层"命令，创建一个新的图层，或者在"时间轴"面板下方单击"新建图层"按钮，创建一个新的图层。

 提示 　默认状态下，新创建的图层按"图层 1""图层 2"……的顺序命名，也可以根据需要自行设定图层的名称。

◎ 选取图层

选取图层就是将图层变为当前图层，用户可以在当前图层上放置对象、添加文本和图形，以及进行编辑。使图层成为当前图层的方法很简单，在"时间轴"面板中选中该图层即可。当前图层会在"时间轴"面板中以蓝色显示，铅笔图标 表示可以对该图层进行编辑，如图 2-122 所示。

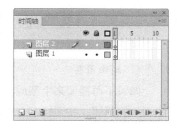

图 2-122

按住 Ctrl 键的同时，在要选择的图层上单击，可以一次选择多个图层，如图 2-123 所示。按住 Shift 键的同时，单击两个图层，在这两个图层之间的其他图层也会被同时选中，如图 2-124 所示。

图 2-123

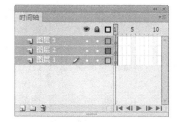

图 2-124

◎ 排列图层

可以根据需要，在"时间轴"面板中为图层重新排序。

在"时间轴"面板中选中"图层 3"，如图 2-125 所示，按住鼠标左键不放，将"图层 3"向下拖曳，这时会出现一条黑色实线，如图 2-126 所示，将其拖曳到"图层 1"的下方，松开鼠标，则"图层 3"移动到"图层 1"的下方，如图 2-127 所示。

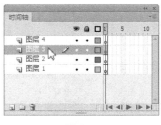
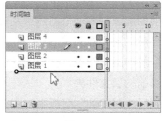

图 2-125　　　　　　　　　　图 2-126　　　　　　　　　　图 2-127

◎ 复制、粘贴图层

可以根据需要，将图层中的所有对象复制并粘贴到其他图层或场景中。

在"时间轴"面板中单击要复制的图层，如图 2-128 所示，选择"编辑 > 时间轴 > 复制帧"命令进行复制。在"时间轴"面板下方单击"新建图层"按钮 ，创建一个新的图层，选中新的图层，如图 2-129 所示，选择"编辑 > 时间轴 > 粘贴帧"命令，可以在新建的图层中粘贴复制过的内容，如图 2-130 所示。

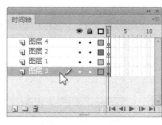

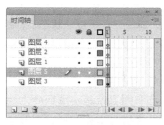

图 2-128　　　　　　　　　　图 2-129　　　　　　　　　　图 2-130

◎ 删除图层

如果不再需要某个图层，可以将其删除。删除图层有两种方法：一种是在"时间轴"面板中选中要删除的图层，在面板下方单击"删除"按钮 ，即可删除选中的图层，如图 2-131 所示；另一种是在"时间轴"面板中选中要删除的图层，按住鼠标左键不放，将其向下拖曳，这时会出现黑色实线，将图层拖曳到"删除图层"按钮 上删除，如图 2-132 所示。

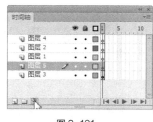

图 2-131　　　　　　　　　　图 2-132

◎ 隐藏、锁定图层和图层的线框显示模式

（1）隐藏图层：动画经常是多个图层叠加在一起的效果，为了便于观察某个图层中对象的效果，可以把其他的图层先隐藏起来。

在"时间轴"面板中单击"显示或隐藏所有图层"按钮 👁 下方的小黑圆点，这时小黑圆点所在的图层被隐藏，在该图层上显示出一个叉号图标 ✕，如图 2-133 所示，此时该图层不能被编辑。

在"时间轴"面板中单击"显示或隐藏所有图层"按钮 👁，面板中的所有图层被同时隐藏，如图 2-134 所示。再次单击此按钮，即可解除隐藏。

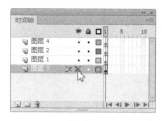

图 2-133　　　　　　　　　　　　　　　图 2-134

（2）锁定图层：如果某个图层上的内容已符合要求，则可以锁定该图层，以避免内容被意外更改。

在"时间轴"面板中单击"锁定或解除锁定所有图层"按钮 🔒 下方的小黑圆点，这时小黑圆点所在的图层被锁定，在该图层上显示出一个锁状图标 🔒，如图 2-135 所示，此时该图层不能被编辑。

在"时间轴"面板中单击"锁定或解除锁定所有图层"按钮 🔒，面板中的所有图层将被同时锁定，如图 2-136 所示。再次单击此按钮，即可解除锁定。

（3）图层的线框显示模式：为了便于观察图层中的对象，可以将对象以线框的模式显示。

在"时间轴"面板中单击"将所有图层显示为轮廓"按钮 □ 下方的实色正方形，这时实色正方形所在图层中的对象呈线框模式显示，该图层的实色正方形变为线框图标 □，如图 2-137 所示，此时并不影响编辑图层。

在"时间轴"面板中单击"将所有图层显示为轮廓"按钮 □，面板中的所有图层将同时以线框模式显示，如图 2-138 所示。再次单击此按钮，即可返回到普通模式。

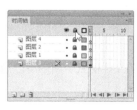

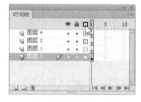

图 2-135　　　　　　图 2-136　　　　　　图 2-137　　　　　　图 2-138

◎ **重命名图层**

可以根据需要更改图层的名称。更改图层的名称有以下两种方法。

（1）双击"时间轴"面板中的图层名称，名称变为可编辑状态，如图 2-139 所示，输入要更改的图层名称，如图 2-140 所示，在图层旁边单击鼠标，完成图层名称的修改，如图 2-141 所示。

（2）选中要修改名称的图层，选择"修改 > 时间轴 > 图层属性"命令，弹出"图层属性"对话框，如图 2-142 所示。在"名称"文本框中可以重新设置图层的名称，如图 2-143 所示，单击"确定"按钮，完成图层名称的修改。

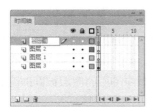

图 2-139

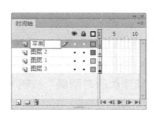

图 2-140

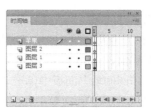

图 2-141

图 2-142

图 2-143

14. 组合对象

打开云盘中的"基础素材 > Ch02 > 06"文件。选中多个图形，如图 2-144 所示，选择"修改 > 组合"命令，或按 Ctrl+G 组合键，将选中的图形进行组合，如图 2-145 所示。

图 2-144

图 2-145

15. 导入图像素材

Flash CS6 可以识别多种不同的位图和矢量图的文件格式，用户可以通过导入或粘贴的方法将素材导入 Flash CS6 中。

◎ 导入到舞台

（1）位图导入到舞台：当导入位图到舞台上时，舞台显示出该位图，位图同时被保存在"库"面板中。

选择"文件 > 导入 > 导入到舞台"命令，或按 Ctrl+R 组合键，弹出"导入"对话框，在对话框中选择云盘中的"基础素材 > Ch02 > 07"文件，如图 2-146 所示，单击"打开"按钮，弹出提示对话框，如图 2-147 所示。

单击"否"按钮时，选择的位图"07"被导入舞台，这时，舞台、"库"面板和"时间轴"面板显示的效果分别如图 2-148～图 2-150 所示。

单击"是"按钮时，位图 07、08 文件全部被导入舞台，这时，舞台、"库"面板和"时间轴"面板显示的效果分别如图 2-151～图 2-153 所示。

图 2-146   图 2-147

图 2-148   图 2-149   图 2-150

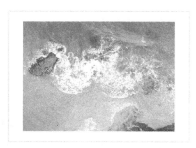

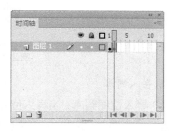

图 2-151   图 2-152   图 2-153

可以用各种方式将多种位图导入 Flash CS6 中，也可以从 Flash CS6 中启动 Fireworks 或其他外部图像编辑器，从而在这些编辑应用程序中修改导入的位图。可以对导入的位图应用压缩和消除锯齿功能，以控制位图在 Flash CS6 中的大小和外观，还可以将导入的位图作为填充应用到对象中。

（2）导入矢量图到舞台：导入矢量图到舞台上时，舞台显示该矢量图，但矢量图并不会被保存到"库"面板中。

选择"文件 > 导入 > 导入到舞台"命令，或按 Ctrl+R 组合键，弹出"导入"对话框，在对话框中选择云盘中的"基础素材 > Ch02 > 09"文件，如图 2-154 所示。单击"打开"按钮，弹出"将

'09.ai'导入到舞台"对话框，如图 2-155 所示。

图 2-154

图 2-155

单击"确定"按钮，矢量图被导入舞台，如图 2-156 所示。此时，查看"库"面板，并没有保存矢量图"09"，如图 2-157 所示。

图 2-156

图 2-157

◎ **导入到库**

（1）导入位图到库：当导入位图到"库"面板时，舞台上不显示该位图，只在"库"面板中显示。

选择"文件 > 导入 > 导入到库"命令，在弹出的"导入到库"对话框中，选择云盘中的"基础素材 > Ch02 > 08"文件，如图 2-158 所示。单击"打开"按钮，位图被导入"库"面板中，如图 2-159 所示。

（2）导入矢量图到库：当导入矢量图到"库"面板时，舞台上不显示该矢量图，只在"库"面板中显示。

选择"文件 > 导入 > 导入到库"命令，在弹出的"导入到库"对话框中，选择云盘中的"基础素材 > Ch02 > 10"文件，如图 2-160 所示。单击"打开"按钮，弹出"将'10.ai'导入到库"对话框，如图 2-161 所示。单击"确定"按钮，矢量图被导入"库"面板中，如图 2-162 所示。

图 2-158

图 2-159

图 2-160

图 2-161

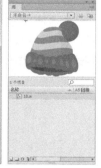

图 2-162

◎ **外部粘贴**

也可以将其他程序或文档中的位图粘贴到 Flash CS6 的舞台中。其方法为，在其他程序或文档中复制图像，选中 Flash CS6 文档，按 Ctrl+V 组合键将复制的图像粘贴，这时图像出现在 Flash CS6 文档的舞台中。

2.1.5 【实战演练】绘制小汽车

使用"钢笔"工具、"基本矩形"工具，绘制小汽车外形；使用"选择"工具，移动并复制图形；使用"椭圆"工具和"颜色"面板，绘制汽车车轮。最终效果参看云盘中的"Ch02 > 效果 > 绘制小汽车"，如图 2-163 所示。

图 2-163

微课：绘制
小汽车

2.2　绘制美食 App 图标

2.2.1　【案例分析】

随着互联网行业的飞速发展，花样繁多的 App 出现在人们的手机上。本案例制作一个美食行业的 App 图标，要求该图标轻松可爱，颜色对比鲜明，符合行业特征，能够快速吸引用户的眼球。

2.2.2　【设计理念】

在设计制作过程中，使用橙黄色的背景，搭配简洁明了的底纹，暖色系看起来可以让人产生食欲。图标的主体是一个方形的甜甜圈，并增加了投影，使其更有立体感。简洁可爱的风格和对比强烈的色彩，可以一眼看出行业属性，更容易获得用户的喜爱。最终效果参看云盘中的"Ch02 ＞ 效果 ＞ 绘制美食 App 图标"，如图 2-164 所示。

微课：绘制美食
App 图标

图 2-164

2.2.3　【操作步骤】

1．绘制背景

步骤① 选择"文件 ＞ 新建"命令,弹出"新建文档"对话框,在"常规"选项卡中选择"ActionScript 3.0"选项，将 "宽" 设为 500，"高"设为 500，单击 "确定" 按钮，完成文档的创建。将 "图层 1" 重命名为 "渐变背景"，如图 2-165 所示。

步骤② 选择 "窗口 ＞ 颜色"命令，弹出 "颜色" 面板，选择 "填充颜色" 选项 ⬙，在 "颜色类型" 下拉列表中选择 "径向渐变"，在色带上将左边的颜色控制点设为黄色（#FFF100），将右边的颜色控制点设为橙黄色（#FCC900），生成渐变色，如图 2-166 所示。

步骤③ 选择 "矩形" 工具 ▭，在工具箱中将 "笔触颜色" 设为无，"填充颜色" 设为刚设置的渐变色，单击工具箱下方的 "对象绘制" 按钮 ◉，在舞台窗口中绘制一个矩形，效果如图 2-167 所示。

步骤④ 选择 "选择" 工具 ▶，在舞台窗口中选中矩形，按 Ctrl+C 组合键，将其复制。单击 "时间轴" 面板下方的 "新建图层" 按钮 ⬚，创建新图层并将其命名为 "图案"，如图 2-168 所示。按 Ctrl+Shift+V 组合键，将复制的矩形原位粘贴到 "图案" 图层中。

图 2-165   图 2-166   图 2-167

步骤⑤ 选择 "文件 > 导入 > 导入到库" 命令，弹出 "导入到库" 对话框中，选择云盘中的 "Ch02 > 素材 >绘制美食 App 图标 > 01" 文件，如图 2-169 所示，单击 "打开" 按钮，将文件导入 "库" 面板中，如图 2-170 所示。

图 2-168   图 2-169   图 2-170

步骤⑥ 在 "时间轴" 面板中单击 "图案" 图层，将该层中的对象选中。在 "颜色" 面板中，选择 "填充颜色" 选项 ，在 "颜色类型" 下拉列表中选择 "位图填充"，在下方的图案选择区域中选择需要的图案，如图 2-171 所示，效果如图 2-172 所示。

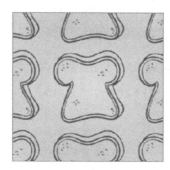

图 2-171   图 2-172

步骤⑦ 选择 "渐变变形" 工具 ，在填充的位图上单击，周围出现控制框，如图 2-173 所示。向内拖曳左下方的控制点改变图案大小，效果如图 2-174 所示。

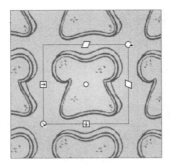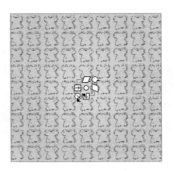

图 2-173　　　　　　　　　　　图 2-174

步骤⑧　在"时间轴"面板中单击"图案"图层，按 F8 键，在弹出的"转换为元件"对话框中进行设置，如图 2-175 所示，单击"确定"按钮，将其转换为图形元件。选择"选择"工具，在舞台窗口中选中"图案"实例，在图形"属性"面板中选择"色彩效果"选项组，在"样式"下拉列表中选择"Alpha"，将其值设为 30%，如图 2-176 所示，舞台窗口中的效果如图 2-177 所示。

图 2-175　　　　　　　　图 2-176　　　　　　　　图 2-177

2.　绘制按钮图形

步骤①　单击"时间轴"面板下方的"新建图层"按钮，创建新图层并命名为"主体"。选择"基本矩形"工具，在基本矩形"属性"面板中将"笔触颜色"设为无，"填充颜色"设为深红色（#5E1818），将"矩形边角半径"设为 43，其他选项的设置如图 2-178 所示。按住 Shift 键的同时，在舞台窗口中绘制一个圆角矩形，效果如图 2-179 所示。

图 2-178　　　　　　　　　　图 2-179

步骤②　用鼠标右键单击"时间轴"面板中的"主体"图层，在弹出的快捷菜单中选择"复制图层"

命令，直接复制并生成"主体 复制"图层，如图 2-180 所示。将"主体 复制"图层重命名为"阴影"。
选择"选择"工具 ，选中圆角矩形，在工具箱中将"填充颜色"设为黑色，效果如图 2-181 所示。

图 2-180 图 2-181

步骤③ 将黑色圆角矩形向右下方拖曳到适当的位置，如图 2-182 所示。在"时间轴"面板中将
"阴影"图层拖曳到"主体"图层的下方，调整图层的顺序，效果如图 2-183 所示。

图 2-182 图 2-183

步骤④ 选中"主体"图层，单击"时间轴"面板下方的"新建图层"按钮 ，创建新图层并命
名为"装饰"。选择"钢笔"工具 ，在工具箱中将"笔触颜色"设为白色，单击工具箱下方的"对
象绘制"按钮 ，在舞台窗口中绘制一条闭合边线，效果如图 2-184 所示。

步骤⑤ 选择"选择"工具 ，在舞台窗口中选中闭合边线，如图 2-185 所示。在工具箱中将
"填充颜色"设为洋红色（#F08D7E），"笔触颜色"设为无，效果如图 2-186 所示。

图 2-184 图 2-185 图 2-186

步骤⑥ 在"时间轴"面板中单击"主体"图层将该层中的对象选中，按 Ctrl+C 组合键，将其复
制。在"装饰"图层的上方创建新图层并命名为"圆角矩形 1"，如图 2-187 所示。按 Ctrl+Shift+V
组合键，将复制的图形原位粘贴到"圆角矩形 1"图层中。

步骤 ⑦ 保持图形的选取状态，在工具箱中将"填充颜色"设为粉色（#F3A599），效果如图 2-188 所示。按 Ctrl+B 组合键，将其打散，效果如图 2-189 所示。

图 2-187　　　　　　　　　　图 2-188　　　　　　　　　　图 2-189

步骤 ⑧ 选择"部分选取"工具，在打散对象的边缘单击鼠标，周围出现多个节点，如图 2-190 所示。按住 Shift 键的同时，将下方的 6 个节点同时选中，如图 2-191 所示。多次按向上的方向键，移动所选节点到适当的位置，效果如图 2-192 所示。

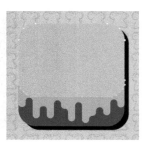

图 2-190　　　　　　　　　　图 2-191　　　　　　　　　　图 2-192

步骤 ⑨ 单击"时间轴"面板下方的"新建图层"按钮，创建新图层并命名为"圆角矩形 2"。选择"基本矩形"工具，在基本矩形工具"属性"面板中将"笔触颜色"设为无，"填充颜色"设为洋红色（#F08D7E），将"矩形边角半径"设为 30，其他选项的设置如图 2-193 所示。在舞台窗口中绘制一个圆角矩形，效果如图 2-194 所示。

图 2-193　　　　　　　　　　　图 2-194

步骤 ⑩ 保持图形的选取状态，按 Ctrl+C 组合键，将其复制。单击"时间轴"面板下方的"新建图层"按钮，创建新图层并命名为"内阴影"。按 Ctrl+Shift+V 组合键，将复制的图形原位粘贴到

"内阴影"图层中。在工具箱中将"填充颜色"设为橘红色（＃E5624B），效果如图 2-195 所示。

步骤 ⑪ 按 Ctrl+B 组合键，将其打散，效果如图 2-196 所示。选择"选择"工具 ![], 按住 Alt 键的同时，向下拖曳图形到适当的位置，松开鼠标，复制图形，效果如图 2-197 所示。按 Delete 键，将其删除，效果如图 2-198 所示。

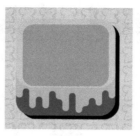

图 2-195   图 2-196   图 2-197   图 2-198

步骤 ⑫ 单击"时间轴"面板下方的"新建图层"按钮 ![], 创建新图层并命名为"圆角矩形 3"。选择"基本矩形"工具 ![], 在基本矩形"属性"面板中将"笔触颜色"设为无，"填充颜色"设为粉色（＃F3A599），将"矩形边角半径"设为 21，其他选项的设置如图 2-199 所示。在舞台窗口中绘制一个圆角矩形，效果如图 2-200 所示。

步骤 ⑬ 单击"时间轴"面板下方的"新建图层"按钮 ![], 创建新图层并命名为"圆角矩形 4"。在基本矩形工具"属性"面板中，将"填充颜色"设为橘红色（＃E5624B），"矩形边角半径"设为 11.5，在舞台窗口中再次绘制一个圆角矩形，效果如图 2-201 所示。

图 2-199   图 2-200   图 2-201

步骤 ⑭ 保持图形的选取状态，按 Ctrl+C 组合键，将其复制。单击"时间轴"面板下方的"新建图层"按钮 ![], 创建新图层并命名为"黑色矩形"。按 Ctrl+Shift+V 组合键，将复制的图形原位粘贴到"黑色矩形"图层中。在工具箱中将"填充颜色"设为黑色，"笔触颜色"设为白色，效果如图 2-202 所示。

步骤 ⑮ 按 Ctrl+B 组合键，将其打散，效果如图 2-203 所示。按 Esc 键，取消对象的选择。选择"选择"工具 ![], 在白色边线上双击，将其选中，如图 2-204 所示。

步骤 ⑯ 在舞台窗口中将白色边线垂直向下拖曳到适当的位置，如图 2-205 所示。按 Esc 键，取消对象的选择。选中图 2-206 所示的图形，按 Delete 键，将其删除，效果如图 2-207 所示。在白色边线上双击将其选中，按 Delete 键，将其删除，效果如图 2-208 所示。

图 2-202

图 2-203

图 2-204

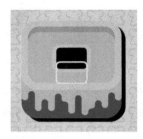
图 2-205

图 2-206

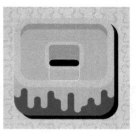
图 2-207

图 2-208

步骤 ⑰ 单击"时间轴"面板下方的"新建图层"按钮，创建新图层并命名为"线条装饰"。选择"线条"工具，在线条工具"属性"面板中，将"笔触颜色"设为白色，"笔触"设为 5，其他选项的设置如图 2-209 所示。在舞台窗口中绘制多个线条，效果如图 2-210 所示。美食 App 图标绘制完成，按 Ctrl+Enter 组合键即可查看效果。

图 2-209

图 2-210

2.2.4 【相关工具】

1. 滴管工具

使用滴管工具可以吸取矢量图形的线型和色彩，然后利用颜料桶工具，可以快速修改其他矢量图形内部的填充色。利用墨水瓶工具，可以快速修改其他矢量图形的笔触颜色及线型。

◎ 吸取填充色

打开云盘中的"基础素材 > Ch02 > 11"文件。选择"滴管"工具，将鼠标指针移到左边图形的填充色上，鼠标指针变为形状，在填充色上单击鼠标，吸取填充色样本，如图 2-211 所示。

单击鼠标左键后，鼠标指针变为形状，表示填充色被锁定。在工具箱的下方，取消对"锁定填充"按钮 ![按钮] 的选取，鼠标指针变为 ![] 形状，在右边图形的填充色上单击鼠标左键，图形的颜色被修改，效果如图 2-212 所示。

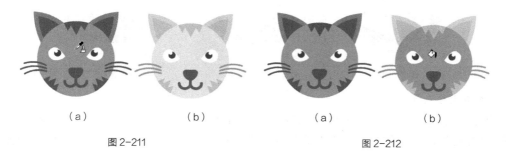

（a） （b） （a） （b）

图 2-211 图 2-212

◎ **吸取边框属性**

选择"滴管"工具 ![]，将鼠标指针放在左边图形的外边框上，鼠标指针变为 ![] 形状，在外边框上单击鼠标左键，吸取边框样本，如图 2-213 所示。单击鼠标左键后，鼠标指针变为 ![] 形状，在右边图形的外边框上单击鼠标左键，添加边线，如图 2-214 所示。

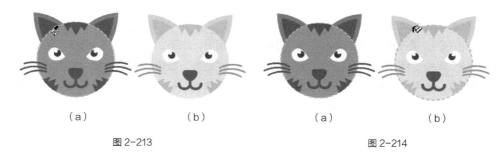

（a） （b） （a） （b）

图 2-213 图 2-214

◎ **吸取位图图案**

"滴管"工具可以吸取外部引入的位图图案。导入云盘中的"基础素材 > Ch02 > 12"文件，如图 2-215 所示，按 Ctrl+B 组合键将其打散。绘制一个圆形图形，如图 2-216 所示。

选择"滴管"工具 ![]，将鼠标指针放在位图上，鼠标指针变为 ![] 形状，单击鼠标左键，吸取图案样本，如图 2-217 所示。单击鼠标左键后，鼠标指针变为 ![] 形状，在圆形图形上单击鼠标左键，图案被填充，效果如图 2-218 所示。

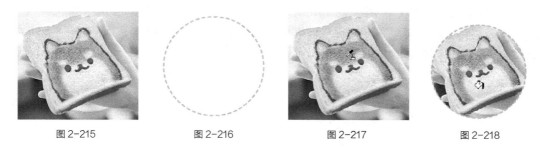

图 2-215 图 2-216 图 2-217 图 2-218

选择"渐变变形"工具 ![]，单击被填充图案样本的圆形，出现控制点，如图 2-219 所示。按住 Shift 键，将左下方的控制点向中心拖曳，如图 2-220 所示。松开鼠标，填充图案变小，效果如图 2-221 所示。

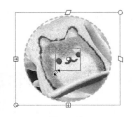

图 2-219　　　　　　　　　　图 2-220　　　　　　　　　　图 2-221

◎　吸取文字属性

"滴管"工具可以吸取文字的颜色。选择要修改的目标文字，如图 2-222 所示。选择"滴管"工具 ，将鼠标指针移到源文字上，鼠标指针变为 形状，如图 2-223 所示。在源文字上单击鼠标左键，源文字的文字属性被应用到了目标文字上，效果如图 2-224 所示。

滴管工具 **文字属性**　　　滴管工具 **文字属性**　　　滴管工具 **文字属性**

图 2-222　　　　　　　　　　图 2-223　　　　　　　　　　图 2-224

2. 柔化填充边缘

◎　向外柔化填充边缘

打开云盘中的"基础素材 > Ch02 > 13"文件。选中图形，如图 2-225 所示，选择"修改 > 形状 > 柔化填充边缘"命令，弹出"柔化填充边缘"对话框，在"距离"数值框中输入 80 像素，在"步长数"数值框中输入 5，选中"扩展"单选项，如图 2-226 所示，单击"确定"按钮，效果如图 2-227 所示。

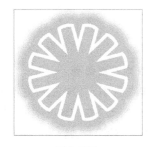

图 2-225　　　　　　　　　　图 2-226　　　　　　　　　　图 2-227

在"柔化填充边缘"对话框中设置的数值不同，产生的效果也不相同。

选中图形，选择"修改 > 形状 > 柔化填充边缘"命令，弹出"柔化填充边缘"对话框，在"距离"数值框中输入 30 像素，在"步长数"数值框中输入 20，选中"扩展"单选项，如图 2-228 所示，单击"确定"按钮，效果如图 2-229 所示。

图 2-228　　　　　　　　　　图 2-229

◎ **向内柔化填充边缘**

选中图形,如图 2-230 所示,选择"修改 > 形状 > 柔化填充边缘"命令,弹出"柔化填充边缘"对话框,在"距离"数值框中输入 50 像素,在"步长数"数值框中输入 5,选中"插入"单选项,如图 2-231 所示,单击"确定"按钮,效果如图 2-232 所示。

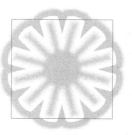

图 2-230　　　　　　　　　图 2-231　　　　　　　　　图 2-232

选中图形,选择"修改 > 形状 > 柔化填充边缘"命令,弹出"柔化填充边缘"对话框,在"距离"数值框中输入 30 像素,在"步长数"数值框中输入 20,选中"插入"单选项,如图 2-233 所示,单击"确定"按钮,效果如图 2-234 所示。

图 2-233　　　　　　　　　　图 2-234

3. 橡皮擦工具

打开云盘中的"基础素材 > Ch02 > 14"文件。选择"橡皮擦"工具 ✐,在图形上想要删除的地方按住鼠标左键并拖动鼠标,图形被擦除,如图 2-235 所示。在工具箱下方的"橡皮擦形状"按钮 ■ 的下拉列表中,可以选择橡皮擦的形状与大小。

如果想得到特殊的擦除效果,可以选择工具箱下方的 5 种擦除模式,如图 2-236 所示。

图 2-235　　　　　　　　　图 2-236

"标准擦除"模式:擦除同一层的线条和填充。选择此模式擦除图形的前后对照效果如图 2-237 所示。

"擦除填色"模式:仅擦除填充区域,其他部分(如边框线)不受影响。选择此模式擦除图形的前后对照效果如图 2-238 所示。

图 2-237　　　　　　　　　　　　　　　　　　　图 2-238

　　"擦除线条"模式：仅擦除图形的线条部分，不影响其填充部分。选择此模式擦除图形的前后对照效果如图 2-239 所示。

　　"擦除所选填充"模式：仅擦除已经选择的填充部分，不影响其他未被选择的部分（如果场景中没有任何填充被选择，那么擦除命令无效）。选择此模式擦除图形的前后对照效果如图 2-240 所示。

　　"内部擦除"模式：仅擦除起点所在的填充区域部分，不影响线条填充区域外的部分。选择此模式擦除图形的前后对照效果如图 2-241 所示。

图 2-239　　　　　　　　　　　图 2-240　　　　　　　　　　　图 2-241

　　要想快速擦除舞台上的所有对象，双击"橡皮擦"工具 即可。

　　要想擦除矢量图形上的线段或填充区域，可以选择"橡皮擦"工具 ，再选中工具箱中的"水龙头"按钮 ，然后单击舞台上想要擦除的线段或填充区域即可，如图 2-242 和图 2-243 所示。

图 2-242　　　　　　　　　　　　　　　　　　　图 2-243

提示　　因为导入的位图和文字不是矢量图形，不能擦除它们的部分或全部，所以必须先选择"修改 > 分离"命令，将它们分离成矢量图形，才能使用橡皮擦工具擦除它们的部分或全部。

4. 自定义位图填充

　　选择"颜色"面板，再选择"填充颜色" ，在"颜色类型"下拉列表中选择"位图填充"选项，如图 2-244 所示。在弹出的"导入到库"对话框中选择要导入的图片，如图 2-245 所示。

　　单击"打开"按钮，图片被导入"颜色"面板中，如图 2-246 所示。选择"椭圆"工具 ，在舞台窗口中绘制一个椭圆，椭圆被刚才导入的位图填充，效果如图 2-247 所示。

　　选择"渐变变形"工具 ，在填充位图上单击，出现控制点。向内拖曳左下方的圆形控制点，如图 2-248 所示，松开鼠标后的效果如图 2-249 所示。向上拖曳右上方的圆形控制点，改变填充位图的角度，如图 2-250 所示。松开鼠标后的效果如图 2-251 所示。

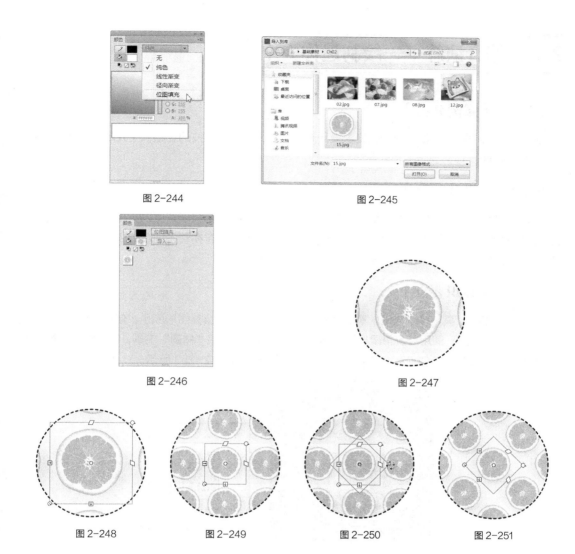

图 2-244　　　　　　　　　　　图 2-245

图 2-246　　　　　　　　　　　图 2-247

图 2-248　　　　　图 2-249　　　　　图 2-250　　　　　图 2-251

2.2.5　【实战演练】绘制黄昏风景

　　使用"椭圆"工具，绘制太阳图形；使用"柔化填充边缘"命令，制作太阳光晕效果；使用"钢笔"工具和"颜料桶"工具，绘制山川图形。最终效果参看云盘中的"Ch02 > 效果 > 绘制黄昏风景"，如图 2-252 所示。

微课：绘制
黄昏风景

图 2-252

2.3 综合演练——绘制迷你太空

2.3.1 【案例分析】

绘制迷你太空用于宣传科技展，要求设计简洁、大方，表现科技的主题，使人能够清晰地感受到画面传达的信息。

2.3.2 【设计理念】

在设计过程中，深绿色的背景给人沉稳的感觉，主体是一个穿梭于天空的火箭，生动活泼，容易吸引观看的小孩子。火箭周围点缀的星星和圆形，体现了宇宙中存在着各种我们认识和未认识的小小星球，带有强烈的科技感，又不失童趣。

2.3.3 【知识要点】

使用"钢笔"工具，绘制火箭轮廓；使用"颜料桶"工具，填充图形颜色；使用"任意变形"工具，旋转图形的角度；使用"多角星形"工具，绘制五角星；使用"椭圆"工具，绘制圆形装饰图形。最终效果参看云盘中的"Ch02 ＞ 效果 ＞ 绘制迷你太空"，如图 2-253 所示。

微课：绘制
迷你太空

图 2-253

2.4 综合演练——绘制蔬菜卡片

2.4.1 【案例分析】

蔬菜卡片用于宣传和推广蔬菜店，要求表现健康、绿色、环保的主题，使人能够清晰地感受到卡片传达的气息。

2.4.2 【设计理念】

绿色的背景是卡片的一大特色，形成强烈的视觉冲击，然后绘制卡通的客车以及满车的蔬菜，可爱又直观，让人感受到健康的信息，画面整体色彩明亮，没有过多的装饰图案，简洁的画面更好地突出了卡片的特色。

2.4.3　【知识要点】

使用"钢笔"和"颜料桶"工具，绘制车头效果；使用"矩形"工具，绘制车厢和车轴效果；使用"椭圆"工具，绘制车轮效果；使用"导入"命令，将图形导入舞台中。最终效果参看云盘中的"Ch02 > 效果 > 绘制蔬菜卡片"，如图 2-254 所示。

图 2-254

微课：绘制
蔬菜卡片

03 第 3 章
标志制作

标志代表企业的形象和文化，以及企业的服务水平、管理机制和综合实力，标志动画可以在动态视觉上推广企业形象，本章主要介绍 Flash 标志动画中，标志的导入和动画的制作方法，以及如何应用不同的颜色设置和动画方式来准确地诠释企业的精神。

课堂学习目标

- ✔ 掌握标志的设计思路
- ✔ 掌握标志的应用技巧
- ✔ 掌握标志的制作方法

3.1　绘制水果标志

3.1.1　【案例分析】

本案例是为果汁蜜公司制作果汁标志。果汁的口味清爽，营养成分丰富，是旅行、聚会必备的饮品。在标志设计上要求简洁流畅、颜色对比鲜明，同时符合公司的特征，能融入行业的理念和特色。

3.1.2　【设计理念】

在设计制作过程中，通过绿色和蓝色的对比背景营造出清爽的氛围，起到衬托的作用。中间的圆形中盛着果汁，展示其产品的特色。在字体设计上进行变形处理，表现出向上、进取的企业形象。整体设计独特并且充满创意，能够达到企业需求。最终效果参看云盘中的"Ch03 ＞ 效果 ＞ 绘制水果标志"，如图 3-1 所示。

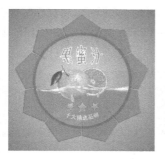

微课：绘制
水果标志

图 3-1

3.1.3　【操作步骤】

步骤① 选择"文件 ＞ 打开"命令，在弹出的"打开"对话框中，选择云盘中的"Ch03 ＞ 素材 ＞ 绘制水果标志 ＞ 01"文件，单击"打开"按钮，效果如图 3-2 所示。

步骤② 单击"时间轴"面板下方的"新建图层"按钮 ，创建新图层并命名为"图片"，如图 3-3 所示。选择"文件 ＞ 导入 ＞ 导入到舞台"命令，在弹出的"导入"对话框中，选择云盘中的"Ch03 ＞ 素材 ＞ 绘制水果标志 ＞ 02"文件，单击"打开"按钮，文件被导入舞台窗口中，在图片的"属性"面板中，将"宽"设为 417，并拖曳图片到窗口的中心位置，效果如图 3-4 所示。

图 3-2　　　　　　　　图 3-3　　　　　　　　图 3-4

步骤 ③ 单击"时间轴"面板下方的"新建图层"按钮 ⬜，创建新图层并命名为"文字"。选择"文本"工具 **T**，在文本工具"属性"面板中进行设置，在舞台窗口中的适当位置输入大小为 40，字体为"方正美黑简体"的橙色（#FF6600）文字，文字效果如图 3-5 所示。

步骤 ④ 选中文字"蜜"，如图 3-6 所示，在文本工具"属性"面板中，选择"字符"选项组"系列"下拉列表中的"汉仪萝卜体简"，效果如图 3-7 所示。

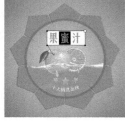

图 3-5　　　　　　　　　图 3-6　　　　　　　　　图 3-7

步骤 ⑤ 选择"选择"工具 ⬉，选中文字，按两次 Ctrl+B 组合键，将文字打散。选择"修改 > 变形 > 封套"命令，在文字图形上出现控制点，如图 3-8 所示。将鼠标指针移到上方中间的控制点上，指针变为 ⬆ 形状，用鼠标拖曳控制点，如图 3-9 所示，调整文字图形上的其他控制点，使文字图形产生相应的变形，如图 3-10 所示。

图 3-8　　　　　　　　　图 3-9　　　　　　　　　图 3-10

步骤 ⑥ 选择"墨水瓶"工具 🫗，在墨水瓶工具"属性"面板中将"笔触颜色"设为白色，"笔触"设为 1.50，如图 3-11 所示，鼠标光标变为 🫗 形状，在"果"文字外侧单击鼠标，为文字图形添加边线。使用相同的方法为其他文字添加边线，效果如图 3-12 所示。水果标志绘制完成，按 Ctrl+Enter 组合键查看效果，如图 3-13 所示。

图 3-11　　　　　　　　　图 3-12　　　　　　　　　图 3-13

3.1.4 【相关工具】

1. 创建文本

◎ TLF 文本

TLF 文本是 Flash CS6 中新添加的一种文本引擎，也是 Flash CS6 中的默认文本类型。

选择"文本"工具 T，再选择"窗口 > 属性"命令，弹出文本工具"属性"面板，如图 3-14 所示。

选择"文本"工具 T，在舞台窗口中单击鼠标插入点文本，如图 3-15 所示，直接输入文本即可，如图 3-16 所示。

图 3-14   图 3-15   图 3-16

选择"文本"工具 T，在舞台窗口中单击并按住鼠标左键，向右拖曳出一个文本框，如图 3-17 所示，在文本框中输入文字，文字被限定在文本框中，如果输入的文字较多，文本将会挤在一起，如图 3-18 所示。将鼠标指针放置在文本框右边的小方框上，如图 3-19 所示，向右拖曳文本框到适当的位置，如图 3-20 所示，文字将全部显示，效果如图 3-21 所示。

图 3-17   图 3-18   图 3-19

图 3-20   图 3-21

提示

默认情况下，输入的文本为点文本。若想将点文本更改为区域文本，可使用选择工具调整其大小或双击文本框右下角的小圆圈。

单击文本工具"属性"面板中"可选"右侧的下拉按钮，弹出 TLF 文本的 3 种类型，如图 3-22 所示。

只读：当作为 SWF 文件发布时，文本无法被选中或编辑。

可选：当作为 SWF 文件发布时，文本可以选中并可复制到剪贴板中，但不可以编辑。对于 TLF 文本，此类型是默认设置。

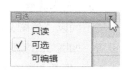

图 3-22

可编辑：当作为 SWF 文件发布时，文本可以选中或编辑。

提示

使用 TLF 文本时，在"文本 > 字体"菜单中找不到 PostScript 字体。如果对 TLF 文本对象使用了某种 PostScript 字体，Flash 会将此字体替换为_sans 设备字体。

TLF 文本要求在 FLA 文件的发布设置中指定 ActionScript 3.0、Flash Player 10 或更高版本。

在制作时，不能将 TLF 文本用作图层蒙版。要创建带有文本的遮罩层，请使用 ActionScript 3.0 创建遮罩层，或者为遮罩层使用传统文本。

◎ 传统文本

选择"文本"工具 $\boxed{\text{T}}$ ，再选择"窗口 > 属性"命令，弹出文本工具"属性"面板，如图 3-23 所示。

将鼠标指针放置在舞台窗口中，指针变为 $+_{\text{T}}$ 形状。在舞台窗口中单击鼠标，出现文本输入光标，如图 3-24 所示。直接输入文字即可，如图 3-25 所示。

在舞台窗口中单击并按住鼠标左键，向右下角方向拖曳出一个文本框，如图 3-26 所示。松开鼠标，出现文本输入光标，如图 3-27 所示。在文本框中输入文字，文字被限定在文本框中，如果输入的文字较多，会自动转到下一行显示，如图 3-28 所示。

图 3-23

图 3-24　　　　图 3-25　　　　　　图 3-26　　　　　　　图 3-27　　　　　　图 3-28

用鼠标向左拖曳文本框上方的方形控制点，可以缩小文字的行宽，如图 3-29 所示。向右拖曳控制点可以扩大文字的行宽，如图 3-30 所示。

双击文本框上方的方形控制点，如图 3-31 所示，文字将转换成单行显示状态，方形控制点转换为圆形控制点，如图 3-32 所示。

图 3-29　　　　　　图 3-30　　　　　　图 3-31　　　　　　图 3-32

2. 文本属性

下面以"传统文本"为例，介绍文本工具"属性"面板的文本属性设置，如图 3-33 所示。

◎ 设置文本的字体、字体大小、样式和颜色

"系列"选项：设定选定字符或整个文本块的文字字体。

选中文字，如图 3-34 所示，在文本工具"属性"面板的"字符"选项组的"系列"下拉列表中选择要转换的字体，如图 3-35 所示，单击鼠标左键，文字的字体被转换，效果如图 3-36 所示。

"大小"选项：设定选定字符或整个文本块的文字字号。选项值越大，文字越大。

图 3-33

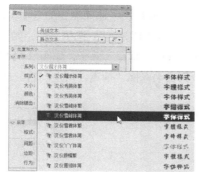

图 3-34　　　　　　　　　　图 3-35　　　　　　　　　　图 3-36

　　选中文字，如图 3-37 所示，在文本工具"属性"面板的"大小"数值框中输入设定的数值，如图 3-38 所示，文字的字号变小，效果如图 3-39 所示。

图 3-37　　　　　　　　　　图 3-38　　　　　　　　　　图 3-39

　　"颜色"按钮███：为选定字符或整个文本块的文字设定颜色。

　　选中文字，如图 3-40 所示，在文本工具"属性"面板中单击"颜色"按钮███，弹出"颜色"面板，选择需要的颜色，如图 3-41 所示，为文字替换颜色，效果如图 3-42 所示。

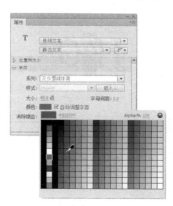

图 3-40　　　　　　　　　　图 3-41　　　　　　　　　　图 3-42

提示

　　文字只能使用纯色，不能使用渐变色。要想为文本添加渐变色，必须将该文本转换为组成它的线条和填充。

"改变文本方向"按钮：在其下拉列表中选择需要的选项可以改变文字的排列方向。

打开云盘中的"基础素材 > Ch03 > 01"文件。选中文字，如图 3-43 所示，单击"改变文本方向"下拉按钮，在其下拉列表中选择"垂直"命令，如图 3-44 所示，文字将从右向左排列，效果如图 3-45 所示。如果在其下拉列表中选择"垂直，从左向右"命令，如图 3-46 所示，文字将从左向右排列，效果如图 3-47 所示。

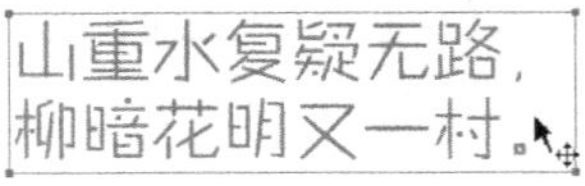

图 3-43　　　　　　图 3-44 　　　　图 3-45 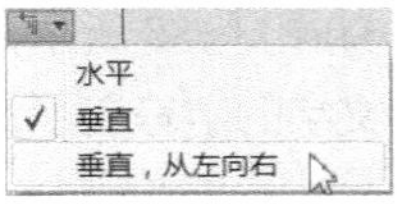　　　　图 3-46 　　　　图 3-47

"字母间距"选项：设置需要的数值，控制字符之间的相对位置。

设置不同文字间距的文字效果如图 3-48 所示。

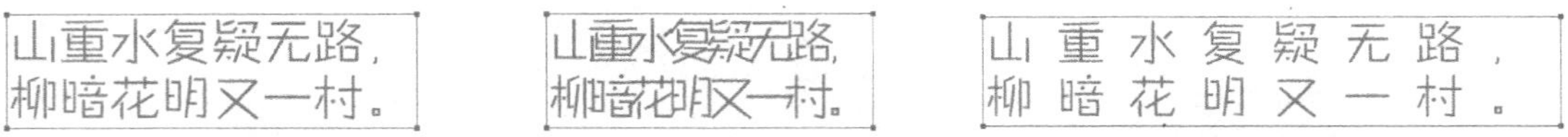

（a）间距为 0 时的效果　　　　　（b）缩小间距后的效果　　　　　（c）扩大间距后的效果

图 3-48

"上标"按钮T^1：可将水平文本放在基线之上或将垂直文本放在基线的右边。

"下标"按钮T_1：可将水平文本放在基线之下或将垂直文本放在基线的左边。

选中要设置字符位置的文字，单击"上标"按钮，文字在基线以上，如图 3-49 所示。

图 3-49

设置不同字符位置的文字效果如图 3-50 所示。

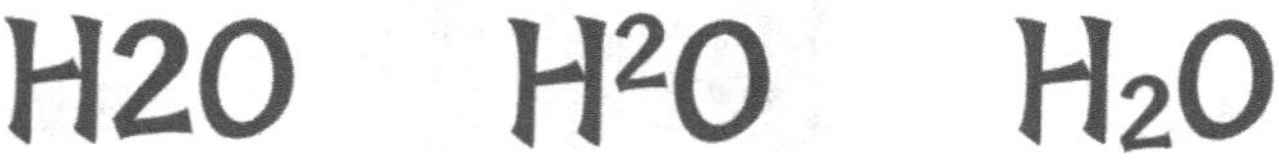

（a）平排位置　　　　　　（b）上标位置　　　　　　（c）下标位置

图 3-50

◎　设置字符与段落

文本对齐方式按钮可以将文字以不同的形式排列。

"左对齐"按钮：将文字按文本框的左边线对齐。

"居中对齐"按钮▤：将文字按文本框的中线对齐。

"右对齐"按钮▤：将文字按文本框的右边线对齐。

"两端对齐"按钮▤：将文字按文本框的两端对齐。

打开云盘中的"基础素材 > Ch03 > 02"文件，选择不同的对齐方式，文字排列的效果如图 3-51 所示。

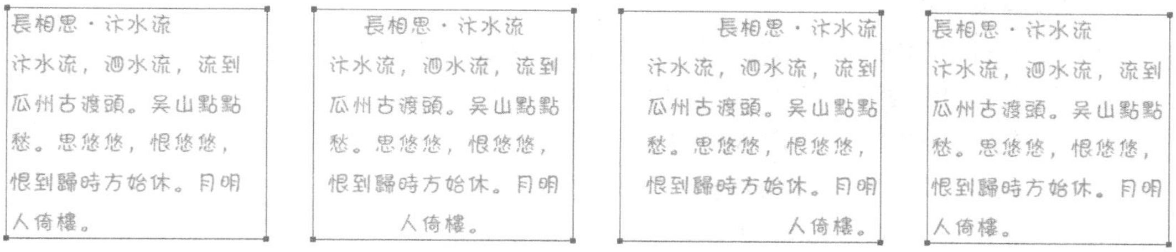

（a）左对齐　　　　　　（b）居中对齐　　　　　　（c）右对齐　　　　　　（d）两端对齐

图 3-51

"缩进"选项▤：用于调整文本段落的首行缩进。

"行距"选项▤：用于调整文本段落的行距。

"左边距"选项▤：用于调整文本段落的左侧间隙。

"右边距"选项▤：用于调整文本段落的右侧间隙。

选中文本段落，如图 3-52 所示，在"段落"选项中设置，如图 3-53 所示，文本段落的格式发生改变，效果如图 3-54 所示。

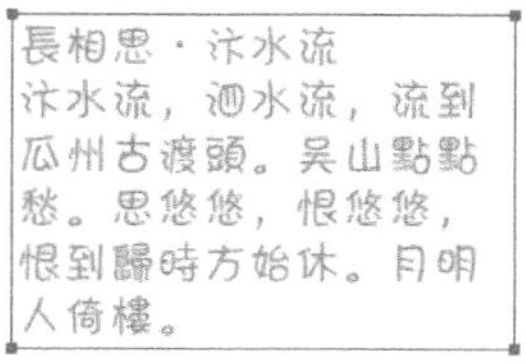

图 3-52　　　　　　　　　图 3-53 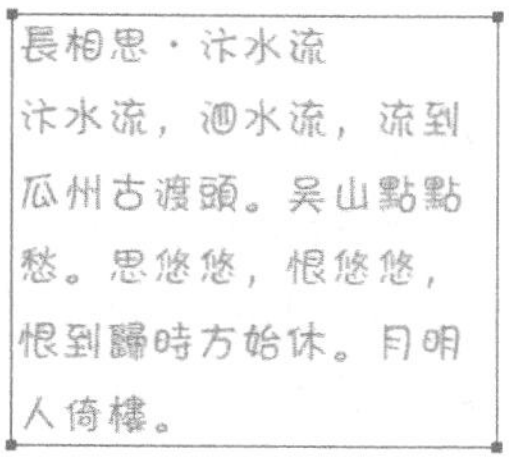　　　　　　　　　图 3-54

◎ **字体呈现方法**

Flash CS6 中有 5 种字体呈现选项，如图 3-55 所示。

使用设备字体：此选项生成一个较小的 SWF 文件，使用用户计算机上当前安装的字体来呈现文本。

图 3-55

位图文本（无消除锯齿）：此选项生成明显的文本边缘，没有消除锯齿。因为此选项生成的 SWF 文件包含字体轮廓，所以生成一个较大的 SWF 文件。

动画消除锯齿：此选项生成可顺畅播放动画的消除锯齿后的文本。因为在文本动画播放时，没有应用对齐和消除锯齿，所以在某些情况下，文本动画还可以更快地播放。在使用带有许多字母的大字体或缩放字体时，可能看不到性能上的提高。因为此选项生成的 SWF 文件包含字体轮廓，所以生成一个较大的 SWF 文件。

可读性消除锯齿：此选项使用高级消除锯齿引擎。它提供了品质最高的文本，具有最易读的文本。因为此选项生成的文件包含字体轮廓，以及特定的消除锯齿信息，所以生成最大的 SWF 文件。

自定义消除锯齿：此选项与"可读性消除锯齿"选项相同，但是可以直观地操作消除锯齿参数，以生成特定外观。此选项在为新字体或不常见的字体生成最佳的外观方面非常有用。

◎ **设置文本超链接**

链接：可以在该文本框中直接输入网址，使当前文字成为超链接文字。

目标：可以设置超链接的打开方式，有以下 4 种方式可以选择。

_blank：链接页面在新打开的浏览器中打开。

_parent：链接页面在父框架中打开。

_self：链接页面在当前框架中打开。

_top：链接页面在默认的顶部框架中打开。

输入文字并将其选中，如图 3-56 所示，在文本工具"属性"面板的"链接"文本框中输入链接的网址，如图 3-57 所示，在"目标"选项中设置好打开方式，设置完成后，文字的下方出现下画线，表示已经链接，如图 3-58 所示。

图 3-56 　　　　　　　　图 3-57 　　　　　　　　图 3-58

◎ **静态文本**

选择"静态文本"选项，"属性"面板如图 3-59 所示。

"可选"按钮 _AB：选择此按钮，当文件输出为 SWF 格式时，可以选取和复制影片中的文字。

◎ **动态文本**

选择"动态文本"选项，"属性"面板如图 3-60 所示。动态文本可以作为对象来应用。

图 3-59 　　　　　　　　　　　　　图 3-60

在"字符"选项组中,"实例名称"文本框用于设置动态文本的名称。选择"将文本呈现为 HTML"按钮 ，文本将支持 HTML 标签特有的字体格式、超链接等超文本格式。选择"在文本周围显示边框"按钮 ，可以为文本设置白色的背景和黑色的边框。

在"段落"选项组中的"行为"下拉列表中包括"单行""多行"和"多行不换行"3 个选项。选择"单行"选项，文本以单行方式显示。选择"多行"选项，如果输入的文本大于设置的文本限制，则输入的文本被自动换行。选择"多行不换行"选项，输入的文本为多行时，不会自动换行。

"选项"选项组中的"变量"文本框用于定义保存字符串数据的变量。此文本框需结合动作脚本使用。

◎ **输入文本**

选择"输入文本"选项，"属性"面板如图 3-61 所示。

"段落"选项组中的"行为"下拉列表中新增了"密码"选项，选择此选项，当文件输出为 SWF 格式时，影片中的文字将显示为星号"****"。

"选项"选项组中的"最大字符数"选项，可以限制输入的字符数。默认值为 0，即为不限制。如果设置数值，则此数值即为输出 SWF 影片时，显示文字的最大数目。

图 3-61

◎ **变形文本**

在舞台窗口输入需要的文字，并选中文字，如图 3-62 所示。按两次 Ctrl+B 组合键，将文字打散，如图 3-63 所示。

图 3-62   图 3-63

选择"修改 > 变形 > 封套"命令，在文字的周围出现控制点，如图 3-64 所示。拖动控制点，改变文字的形状，如图 3-65 所示，变形完成后的文字效果如图 3-66 所示。

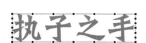 

图 3-64   图 3-65   图 3-66

◎ **分离对象**

要修改多个图形的组合、图像、文字或组件的一部分时，可以使用"修改 > 分离"命令。另外，制作变形动画时，需用"分离"命令将图形的组合、图像、文字或组件转变成图形。

打开云盘中的"基础素材 > Ch03 > 03"文件。选中图形组合，如图 3-67 所示。选择"修改 > 分离"命令，或按 Ctrl+B 组合键，将组合的图形打散，多次使用"分离"命令的效果如图 3-68 所示。

◎ **墨水瓶工具**

使用墨水瓶工具可以修改矢量图形的边线。打开云盘中的"基础素材 > Ch03 > 04"文件，如图 3-69 所示。选择"墨水瓶"工具 ，在"属性"面板中设置笔触颜色、笔触大小以及笔触样式，如图 3-70 所示。

图 3-67

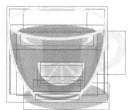
图 3-68

图 3-69

图 3-70

　　这时，鼠标指针变为 形状，在图形上单击，为图形添加设置好的边线，效果如图 3-71 所示。在"属性"面板中设置不同的属性，所绘制的边线效果也不同，如图 3-72 所示。

图 3-71

图 3-72

3.1.5 【实战演练】制作 T 恤图案

　　使用"文本"工具，输入文字；使用"分离"命令，将文字打散；使用"封套"按钮，编辑文字。最终效果参看云盘中的"Ch03 > 效果 >制作 T 恤图案"，如图 3-73 所示。

微课：制作
T 恤图案

图 3-73

3.2　绘制淑女堂标志

3.2.1　【案例分析】

本案例为淑女堂化妆品公司设计制作网页标志。淑女堂化妆品公司的产品主要针对的客户是热衷于护肤、美容，致力于让自己变得更青春美丽的女性。网页标志希望能表现出女性青春的气息和活力。

3.2.2　【设计理念】

在设计思路上，从公司的品牌名称入手，对"淑女堂"3 个文字进行精心的变形设计和处理，文字设计后的风格和品牌定位紧密结合，充分表现了女性的活泼和生活气息。标志以粉色、白色为基调，通过色彩来体现出甜美、温柔的青春女性气质。最终效果参看云盘中的"Ch03 > 效果 > 绘制淑女堂标志"，如图 3-74 所示。

图 3-74

3.2.3　【操作步骤】

1. 绘制底图

步骤① 选择"文件 > 新建"命令，弹出"新建文档"对话框，在"常规"选项卡中选择"ActionScript 3.0"选项，将"宽"设为 450，"高"设为 300，单击"确定"按钮，完成文档的创建。

步骤② 按 Ctrl+L 组合键，弹出"库"面板。在"库"面板下方单击"新建元件"按钮，弹出"创建新元件"对话框，在"名称"文本框中输入"标志"，在"类型"下拉列表中选择"图形"，单击"确定"按钮，新建一个图形元件"标志"，如图 3-75 所示，舞台窗口也随之转换为图形元件的舞台窗口。

步骤③ 将"图层 1"重命名为"椭圆形"。选择"椭圆"工具，在工具箱中将"笔触颜色"设为无，"填充颜色"设为深粉色（#FB1F8D），在舞台窗口中绘制一个椭圆形，选中图形，在形状"属性"面板中将"宽"设为 280，"高"设为 120，效果如图 3-76 所示。

微课：绘制淑女堂标志 1

2. 添加并编辑文字

步骤① 单击"时间轴"面板下方的"新建图层"按钮，创建新图层并命名为"文字"。选择"文本"工具，在文本工具"属性"面板中进行设置，在舞台窗口中的适当位置输入大小为 50，字体为"方正准圆简体"的黑色文字，文

微课：绘制淑女堂标志 2

字效果如图 3-77 所示。选择"选择"工具 ，选中文字，按两次 Ctrl+B 组合键，将文字打散。分别框选"女、堂"2 个字，将其向右移动，将文字的间距扩大，效果如图 3-78 所示。

图 3-75

图 3-76

淑女堂　　淑 女 堂

图 3-77 　　　　　　　　图 3-78

步骤❷ 删除"淑"字左侧的上、下 2 个点，将中间的点向左移动一些。选择"套索"工具 ，圈选"又"字右下角的笔画，如图 3-79 所示，按 Delete 键，将其删除，效果如图 3-80 所示。用"套索"工具 圈选"女"字的下半部分，如图 3-81 所示，按 Delete 键，将其删除，效果如图 3-82 所示。

图 3-79 　　　　图 3-80 　　　　图 3-81 　　　　图 3-82

步骤❸ 使用相同的方法删除文字上多余的笔画，效果如图 3-83 所示。单击"时间轴"面板下方的"新建图层"按钮 ，创建新图层并命名为"修改笔画"。选择"钢笔"工具 ，在钢笔工具"属性"面板中，将"笔触颜色"设为黑色，"笔触"为 3.75，如图 3-84 所示。

图 3-83 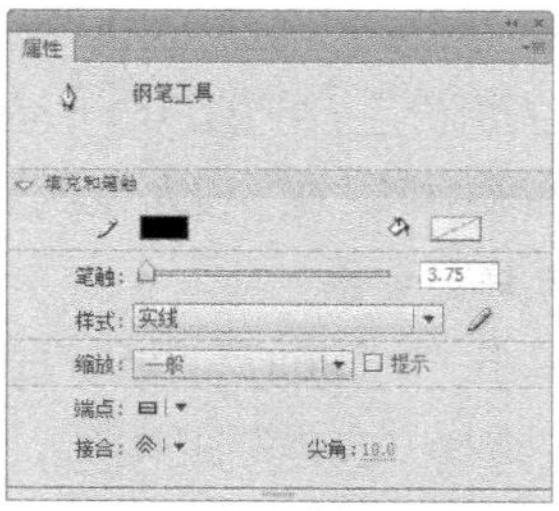　　　　　　　　　　图 3-84

步骤④ "又"字的"撇"上单击，设置起始点，在字下方的空白处单击，设置第 2 个节点，按住鼠标左键不放，向旁边拖曳出控制手柄，调节控制手柄来改变路径的弯曲度，效果如图 3-85 所示。松开鼠标，绘制出一条曲线，效果如图 3-86 所示。在第 2 个节点的右侧单击，设置第 3 个节点，松开鼠标，效果如图 3-87 所示。

步骤⑤ 在"女"字的下方单击，设置第 4 个节点，按住鼠标左键不放，向旁边拖曳出控制手柄，调节控制手柄来改变路径的弯曲度，效果如图 3-88 所示。

图 3-85	图 3-86	图 3-87	图 3-88

步骤⑥ 松开鼠标，"淑、女"两个字被连接起来，效果如图 3-89 所示。选择"选择"工具 ，绘制曲线上的路径消失，查看绘制效果。

步骤⑦ 选择"钢笔"工具 ，在"女"字左侧的边线上单击设置起始点，再单击"堂"字下方的横线，设置第 2 个节点，按住鼠标左键不放，向旁边拖曳出控制手柄，通过调节控制手柄来改变路径的弯曲度，效果如图 3-90 所示。松开鼠标，绘制出一条曲线，效果如图 3-91 所示。

图 3-89	图 3-90	图 3-91

步骤⑧ 选择"铅笔"工具 ，在工具箱下方的"铅笔模式"选项组下拉列表中选择"平滑"选项，如图 3-92 所示。在"女"字的左边绘制一条弯曲的螺旋状曲线，效果如图 3-93 所示。用相同的方法在"女"字的右侧也绘制一条曲线，效果如图 3-94 所示。

图 3-92	图 3-93	图 3-94

步骤⑨ 在"淑"字的左下方绘制一条螺旋状曲线，选择"选择"工具 ，将鼠标指针移到曲线上，鼠标指针变为 形状，拖动曲线来修改曲线的弧度，效果如图 3-95 所示。用相同的方法在"堂"字的右下方绘制螺旋状曲线，效果如图 3-96 所示。

图 3-95	图 3-96

步骤 ⑩ 选择"文件 > 导入 > 导入到舞台"命令，在弹出的"导入"对话框中选择"Ch03 > 素材 > 绘制淑女堂标志 > 01"文件，单击"打开"按钮，"01"图形被导入舞台窗口中，将"01"图形放置在"淑"字的左上方来作为"淑"字上方的点，效果如图 3-97 所示。选中"01"图形，多次按 Ctrl+B 组合键，将其打散。圈选所有的文字图形及变形曲线，将其放置在深粉色椭圆形的中心位置，效果如图 3-98 所示。保持文字图形及变形曲线的选中状态。

图 3-97

图 3-98

步骤 ⑪ 在工具箱中将"笔触颜色"设为白色，"填充颜色"设为白色，将文字图形及变形曲线的颜色更改为白色，效果如图 3-99 所示。取消对文字图形及变形曲线的选择。选择"文件 > 导入 > 导入到库"命令，在弹出的"导入到库"对话框中，选择"Ch03 > 素材 > 绘制淑女堂标志 > 02"文件，单击"打开"按钮，文件被导入"库"面板中。

步骤 ⑫ 单击"时间轴"面板下方的"新建图层"按钮，创建新图层并命名为"花纹"。选择"选择"工具，将"库"面板中的图形元件"01"拖曳到舞台窗口中心位置，效果如图 3-100 所示。

图 3-99

图 3-100

3. 绘制背景图形

步骤 ❶ 单击舞台窗口左上方的"场景 1"图标，进入"场景 1"的舞台窗口。将"图层 1"重命名为"花纹"。选择"矩形"工具，在矩形工具"属性"面板中，将"笔触颜色"设为黑色，"填充颜色"设为无，"笔触"设为 1，如图 3-101 所示。

微课：绘制淑女堂标志 3

步骤 ❷ 在舞台窗口绘制一个和白色背景一样大的矩形框。选择"选择"工具，选中矩形框，在形状"属性"面板中，将"宽"设为 450，"高"设为 300，将 X、Y 均设为 0，如图 3-102 所示。选择"线条"工具，按住 Shift 键的同时，在矩形框中从上到下绘制一条垂直线段，效果如图 3-103 所示。

步骤 ❸ 用相同的方法绘制出多条垂直线段，效果如图 3-104 所示。选择"颜料桶"工具，在工具箱中将"填充颜色"设为淡粉色（#FDE1F0）。单击矩形框中间的区域，每隔一个矩形框，填充上粉色，效果如图 3-105 所示。选择"选择"工具，在舞台窗口双击任意一条黑色线段，所有的黑色线段都被选中，按 Delete 键，删除选中的黑色线段，效果如图 3-106 所示。

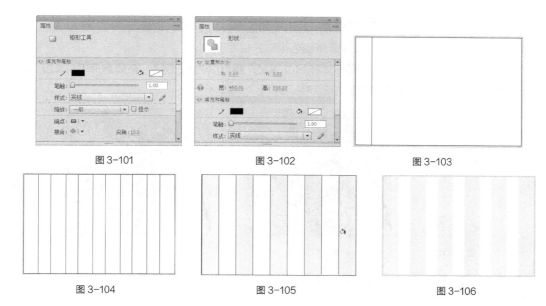

图 3-101   图 3-102   图 3-103

图 3-104   图 3-105   图 3-106

步骤④ 将"库"面板中的图形元件"标志"拖曳到舞台窗口的中心位置，效果如图 3-107 所示。按 Ctrl+T 组合键，弹出"变形"面板，单击"约束"按钮，将"缩放宽度"设为 128%，"缩放高度"也随之转换为 128%，按 Enter 键，标志图形被扩大，效果如图 3-108 所示。淑女堂标志绘制完成，按 Ctrl+Enter 组合键即可查看效果。

图 3-107   图 3-108

3.2.4 【相关工具】

1. 套索工具

选择"套索"工具，导入云盘中的"基础素材 > Ch03 > 05"文件，按 Ctrl+B 组合键，将位图分离。用鼠标在位图上任意勾选想要的区域，形成一个封闭的选区，如图 3-109 所示。松开鼠标，选区中的图像被选中，如图 3-110 所示。

图 3-109   图 3-110

在选择"套索"工具 🖉 后，工具箱的下方出现如图3-111所示的按钮。

"魔术棒"按钮 🪄：以点选的方式选择颜色相似的位图图像。

选中"魔术棒"按钮 🪄，将鼠标指针移到位图上，指针变为 ＊＼ 形状，在要选择的位图上单击，如图3-112所示，颜色相近的图像区域被选中，如图3-113所示。

图3-111　　　　　　　　　　图3-112　　　　　　　　　　　图3-113

"魔术棒设置"按钮 🪄：用来设置魔术棒的属性，设置属性的不同，魔术棒选取图像区域的大小也不相同。

单击"魔术棒设置"按钮 🪄，弹出"魔术棒设置"对话框，如图3-114所示。

在"魔术棒设置"对话框中设置不同数值后，产生的不同效果如图3-115所示。

（a）阈值为10时选取图像的区域　　　（b）阈值为50时选取图像的区域

图3-114　　　　　　　　　　　　　　　　图3-115

"多边形模式"按钮 🖉：可以用鼠标精确勾画想要选中的图像。

导入云盘中的"基础素材 > Ch03 > 06"文件，选中"多边形模式"按钮 🖉，在图像上单击，确定第一个定位点，松开鼠标并将鼠标指针移至下一个定位点，再次单击，用相同的方法确定多个定位点，直到勾画出想要的图像，并使选区处于封闭的状态，如图3-116所示。双击鼠标，选区中的图像被选中，如图3-117所示。

图3-116　　　　　　　　　　　　　　图3-117

2．部分选取工具

打开云盘中的"基础素材 > Ch03 > 07"文件。选择"部分选取"工具 ▶，在对象的外边线上单击，对象上出现多个节点，如图 3-118 所示。拖曳节点调整控制线的长度和斜率，从而改变对象的曲线形状，如图 3-119 所示。

图 3-118   图 3-119

提示

若要增加图形上的节点，可使用"钢笔"工具在图形上单击。

在改变对象的形状时，"部分选取"工具的指针呈不同的形状，各种形状的含义也不同。

带黑色方块的指针：当鼠标指针放置在节点以外的线段上时，指针变为形状，如图 3-120 所示。这时，可以移动对象到其他位置，如图 3-121 和图 3-122 所示。

图 3-120   图 3-121   图 3-122

带白色方块的指针：当鼠标指针放置在节点上时，指针变为形状，如图 3-123 所示。这时，可以移动单个节点到其他位置，如图 3-124 和图 3-125 所示。

图 3-123   图 3-124   图 3-125

变为小箭头的指针：当鼠标指针放置在节点调节手柄的尽头时，指针变为形状，如图 3-126 所示。这时，可以调节与该节点相连的线段的弯曲度，如图 3-127 和图 3-128 所示。

图 3-126   图 3-127   图 3-128

提示

在调整节点的手柄时，调整一个手柄，另一个相对的手柄也会随之发生变化。如果只想调整其中的一个手柄，按住 Alt 键再调整即可。

此外，用户还可以将直线节点转换为曲线节点，并调节弯曲度。打开云盘中的"基础素材 > Ch03 > 08"文件。选择"部分选取"工具，在对象的外边线上单击，对象上显示出节点，如图 3-129 所示。单击要转换的节点，节点从空心变为实心，表示可编辑，如图 3-130 所示。

按住 Alt 键，将节点向外拖曳，节点增加两个调节手柄，如图 3-131 所示。应用调节手柄可调节线段的弯曲度，如图 3-132 所示。

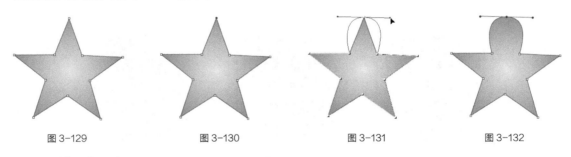

图 3-129   图 3-130   图 3-131   图 3-132

3."变形"面板

选择"窗口 > 变形"命令，弹出"变形"面板，如图 3-133 所示。

"宽度" ↔ 100.0% 和"高度" ↕ 100.0% 选项：用于设置图形的宽度和高度。

"约束"按钮：用于约束"宽度"和"高度"选项，使图形等比例变形。

"旋转"选项：用于设置图形的角度。

"倾斜"选项：用于设置图形的水平倾斜或垂直倾斜。

"重制选区和变形"按钮：用于复制图形并将变形设置应用于图形。

"取消变形"按钮：用于将图形属性恢复到初始状态。

"变形"面板中的设置不同，产生的效果也不相同。打开云盘中的"基础素材 > Ch03 > 09"文件，如图 3-134 所示。

选中图形，在"变形"面板中，将"缩放宽度"设为 50%，按 Enter 键确定操作，如图 3-135 所示，图形的宽度被改变，效果如图 3-136 所示。

选中图形，在"变形"面板中，单击"约束"按钮，将"缩放宽度"设为 50%，"缩放高度"也随之变为 50%，按 Enter 键确定操作，如图 3-137 所示，图形的宽度和高度等比例缩小，效果如

图 3-138 所示。

图 3-133　　　　　　图 3-134　　　　　　图 3-135　　　　　　图 3-136

　　选中图形，在"变形"面板中，单击"约束"按钮，将"旋转"设为 35°，按 Enter 键确定操作，如图 3-139 所示，图形被旋转，效果如图 3-140 所示。

图 3-137　　　　　　图 3-138　　　　　　图 3-139　　　　　　图 3-140

　　选中图形，在"变形"面板中，单击"倾斜"单选项，将"水平倾斜"设为 30°，按 Enter 键确定操作，如图 3-141 所示，图形进行水平倾斜变形，效果如图 3-142 所示。

图 3-141　　　　　　　　　　图 3-142

　　选中图形，在"变形"面板中，单击"倾斜"单选项，将"垂直倾斜"设为−20，按 Enter 键确定操作，如图 3-143 所示，图形进行垂直倾斜变形，效果如图 3-144 所示。

　　选中图形，在"变形"面板中，将"旋转"设为 35°，单击"重置选区和变形"按钮，如图 3-145 所示，图形被复制并沿其中心点旋转了 35°，效果如图 3-146 所示。

图 3-143　　　　　　　图 3-144　　　　　　　图 3-145　　　　　　　图 3-146

再次单击"重制选区和变形"按钮，图形再次被复制并旋转了 35°，如图 3-147 所示，此时，面板中显示旋转角度为 105°，表示复制出的图形当前角度为 180°，如图 3-148 所示。

图 3-147　　　　　　　　　　　　　　图 3-148

3.2.5　【实战演练】制作科杰龙电子标志

使用"选择"工具和"套索"工具，删除多余的笔画；使用"部分选取"工具，将文字变形；使用"椭圆"工具，绘制圆形；使用"钢笔"和"颜料桶"工具，添加笔画效果。最终效果参看云盘中的"Ch03 > 效果 > 制作科杰龙电子标志"，如图 3-149 所示。

微课：制作科杰龙
电子标志

图 3-149

3.3　综合演练——制作通信网络标志

3.3.1　【案例分析】

本案例是为万升网络公司制作通信网络标志。因为标志具有识别性、功能性和多样性等特点，是一种非语言的独特传达方式，所以标志设计要求具有很强的识别性和公司特色。

3.3.2 【设计理念】

在设计制作过程中，使用蓝绿色渐变表现公司沉着、冷静的企业理念，将公司名称"万升网络"进行艺术处理变化，使文字具有立体感；通过字体的变化体现出公司的效率、速度，以及向上的企业形象，搭配起来干净清爽，符合公司的形象。

3.3.3 【知识要点】

使用"导入"命令，导入素材文件；使用"文本"工具，输入标志名称；使用"钢笔"工具，添加画笔效果；使用"套索"工具和"选择"工具，删除文字笔画；使用"属性"面板，改变元件的颜色，使标志产生阴影效果。最终效果参看云盘中的"Ch03 > 效果 > 制作通信网络标志"，如图 3-150 所示。

微课：制作通信
网络标志

图 3-150

3.4 综合演练——制作童装网页标志

3.4.1 【案例分析】

本案例是为童装公司制作公司标志。童装公司希望通过标志使客户感受到产品的美观性，更能由此吸引更多人进店选购。所以在标志设计上要求也相对专业，既要体现公司的行业特点，又要独具特色。

3.4.2 【设计理念】

在设计制作过程中，标志使用符合儿童喜好的卡通元素，黄色的底色时尚又不失可爱，周围点缀的图案与文字相得益彰，变形后的文字充满个性，整体标志和谐统一，独具特色。

3.4.3 【知识要点】

使用"文本"工具，输入标志名称；使用"选择"工具，删除多余的笔画；使用"椭圆"工具和"钢笔"工具，绘制笑脸图形；使用"椭圆"工具和"变形"面板，制作花形图案；使用"属性"面板，设置笔触样式，制作底图图案效果。最终效果参看云盘中的"Ch03 ＞ 效果 ＞ 制作童装网页标志"，如图 3-151 所示。

微课：制作童装
网页标志

图 3-151

第4章
广告设计

广告可以帮助公司树立品牌、提升知名度、提高销售量。本章以制作多个主题的广告为例,介绍广告的设计方法和制作技巧。读者通过本章的学习,可以掌握广告的设计思路和制作要领,从而创作出完美的网络广告。

课堂学习目标

- ✔ 了解广告的表现形式
- ✔ 掌握广告动画的制作方法和技巧
- ✔ 掌握广告动画的设计思路

4.1　制作饮品广告

4.1.1　【案例分析】

本案例为某饮品店制作广告。广告要表现出饮品的特色，要调动形象、色彩、构图、形式等元素营造出强烈的视觉效果，使主题突出、明确。

4.1.2　【设计理念】

在设计制作过程中，通过蓝色和下方的冰块营造出清凉爽快的氛围，起到衬托主体的效果，突出前方产品和文字。品种丰富的饮品在画面的主要位置，突出产品，构图整齐，给广告带来美感。广告的整体设计简约明快，观赏性很强，并且给人视觉上的享受。最终效果参看云盘中的"Ch04 > 效果 > 制作饮品广告"，如图 4-1 所示。

微课：制作
饮品广告

图 4-1

4.1.3　【操作步骤】

步骤① 选择"文件 > 新建"命令，弹出"新建文档"对话框，在"常规"选项卡中选择"ActionScript 3.0"选项，将"宽"设为 450，"高"设为 630，单击"确定"按钮，完成文档的创建。

步骤② 将"图层 1"重命名为"底图"，选择"文件 > 导入 > 导入到舞台"命令，在弹出的"导入到舞台"对话框中，选择云盘中的"Ch04 > 素材 > 制作饮品广告 > 01"文件，单击"打开"按钮，文件被导入舞台窗口，如图 4-2 所示。

步骤③ 选择"修改 > 位图 > 转换位图为矢量图"命令，弹出"转换位图为矢量图"对话框，设置选项如图 4-3 所示。单击"确定"按钮，效果如图 4-4 所示。

步骤④ 选择"文件 > 导入 > 导入到库"命令，在弹出的"导入到库"对话框中，选择云盘中的"Ch04 > 素材 > 制作饮品广告 > 02、03、04"文件，单击"打开"按钮，将文件导入"库"面板，如图 4-5 所示。

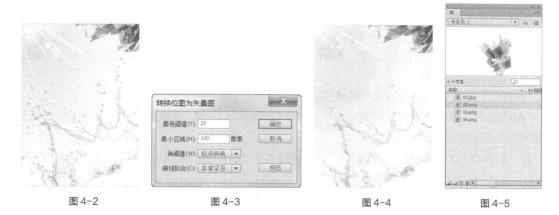

图 4-2	图 4-3	图 4-4	图 4-5

步骤⑤ 单击"时间轴"面板下方的"新建图层"按钮，创建新图层并命名为"冰激凌"。分别将"库"面板中的位图"02"和"03"拖曳到舞台窗口中的适当位置，效果如图 4-6 和图 4-7 所示。

步骤⑥ 单击"时间轴"面板下方的"新建图层"按钮，创建新图层并命名为"文字"，如图 4-8 所示。将"库"面板中的位图"04"拖曳到舞台窗口中的适当位置，效果如图 4-9 所示。饮品广告制作完成，按 Ctrl+Enter 组合键即可查看效果。

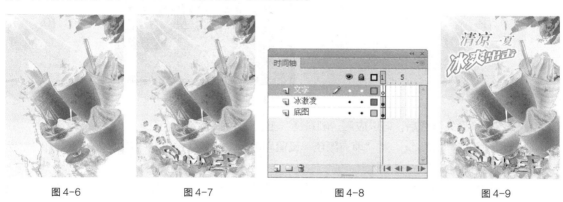

图 4-6	图 4-7	图 4-8	图 4-9

4.1.4 【相关工具】

1. 将位图转换为矢量图

导入云盘中的"基础素材 > Ch04 > 01"文件并将其选中，如图 4-10 所示。选择"修改 > 位图 > 转换位图为矢量图"命令，弹出"转换位图为矢量图"对话框，如图 4-11 所示。单击"确定"按钮，位图转换为矢量图，如图 4-12 所示。

图 4-10	图 4-11	图 4-12

　　"颜色阈值"选项：设置将位图转换为矢量图时的色彩细节。数值的输入范围为 0～500，该值越大，图像越细腻。

　　"最小区域"选项：设置将位图转换为矢量图时，色块的大小。数值的输入范围为 0～1000，该值越大，色块越大。

　　"角阈值"选项：定义角转换的精细程度。

　　"曲线拟合"选项：设置在转换过程中对色块处理的精细程度。图形转化时边缘越光滑，对原图像细节的失真程度越高。

　　在"转换位图为矢量图"对话框中，设置的数值不同，产生的效果也不相同，如图 4-13 所示。

图 4-13

　　将位图转换为矢量图后，可以应用"颜料桶"工具 为其重新填色。

　　选择"颜料桶"工具 ，将"填充颜色"设置为黄色（#FFE719），在图形的粉色区域单击，为粉色区域填充黄色，如图 4-14 所示。

　　将位图转换为矢量图后，还可以用"滴管"工具 对图形进行采样，然后将其用作填充。选择"滴管"工具 ，指针变为 形状，在需要取样的颜色上单击，吸取色彩值，如图 4-15 所示，吸取后，指针变为 形状，在适当的位置上单击，用吸取的颜色填充，效果如图 4-16 所示。

图 4-14　　　　　　　　　　　　図 4-15　　　　　　　　　　　　图 4-16

2. 测试动画

动画制作完成后，要对其进行测试，可以通过以下多种方法来测试动画。

◎ 应用"控制器"面板

选择"窗口 ＞ 工具栏 ＞ 控制器"命令，弹出"控制器"面板，如图 4-17 所示。

"停止"按钮■：用于停止播放动画。

"转到第一帧"按钮◄◄：用于将动画返回到第 1 帧并停止播放。

"后退一帧"按钮◄◄：用于将动画逐帧向后播放。

图 4-17

"播放"按钮►：用于播放动画。

"前进一帧"按钮►►：用于将动画逐帧向前播放。

"转到最后一帧"按钮►►|：用于将动画跳转到最后一帧并停止播放。

◎ 应用"播放"命令

选择"控制 > 播放"命令，或按 Enter 键，可以浏览当前舞台中的动画。在"时间轴"面板中可以看见播放头在运动，随着播放头的运动，舞台中显示播放头经过的帧上的内容。

◎ 应用"测试影片"命令

选择"控制 > 测试影片 > 测试"命令，或按 Ctrl+Enter 组合键，进入动画测试窗口，对动画作品的多个场景进行连续测试。

◎ 应用"测试场景"命令

选择"控制 > 测试场景"命令，或按 Ctrl+Alt+Enter 组合键，进入动画测试窗口，测试当前舞台窗口中显示的场景或元件中的动画。

4.1.5 【实战演练】制作汉堡广告

使用"导入到库"命令，将素材导入"库"面板；使用"转换位图为矢量图"命令，将位图转换为矢量图。最终效果参看云盘中的"Ch04 > 效果 > 制作汉堡广告"，如图 4-18 所示。

微课：制作
汉堡广告

图 4-18

4.2 制作平板电脑广告

4.2.1 【案例分析】

本案例为电脑公司制作平板电脑宣传广告。在广告设计上要通过营造气氛突出宣传的主题，展示平板电脑时尚的造型和强大的功能。

4.2.2 【设计理念】

在设计制作过程中，使用模糊的背景图案来衬托主体，灰色和白色的文字背景色调和谐、舒适、搭配自然。将产品图像放在主要位置，突出产品的宣传，围绕产品的功能介绍，使人一目了然，能将人们的视线引向宣传主体。最终效果参看云盘中的"Ch04 > 效果 > 制作平板电脑广告"，如图 4-19 所示。

微课：制作平板
电脑广告

图 4-19

4.2.3 【操作步骤】

步骤① 选择"文件 > 新建"命令,弹出"新建文档"对话框,在"常规"选项卡中选择"ActionScript 3.0"选项，将"宽"设为 600，"高"设为 424，单击"确定"按钮，完成文档的创建。

步骤② 选择"文件 > 导入 > 导入到舞台"命令，在弹出的"导入"对话框中，选择云盘中的"Ch04 > 素材 > 制作平板电脑广告 > 01"文件，单击"打开"按钮，文件被导入舞台窗口，如图 4-20 所示。将"图层 1"重命名为"底图"。

图 4-20

步骤③ 单击"时间轴"面板下方的"新建图层"按钮，创建新图层并命名为"视频"。选择"文件 > 导入 > 导入视频"命令，在弹出的"导入视频"对话框中单击"浏览"按钮，在弹出的"打开"对话框中，选择云盘中的"Ch04 > 素材 > 制作平板电脑广告 > 02"文件，如图 4-21 所示，单击"打开"按钮返回"导入视频"对话框中，选中"在 SWF 中嵌入 FLV 并在时间轴中播放"单选项，如图 4-22 所示。

图 4-21

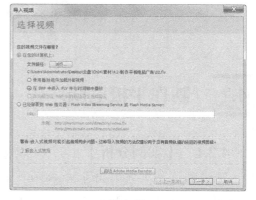

图 4-22

步骤④ 单击"下一步"按钮，弹出"嵌入"对话框，设置选项如图 4-23 所示。单击"下一步"按钮，弹出"完成视频导入"对话框，单击"完成"按钮，完成视频的导入，"02"视频文件被导入"库"面板，如图 4-24 所示。

图 4-23   图 4-24

步骤⑤ 选中"底图"和"视频"图层的第 41 帧，按 F5 键，在该帧上插入普通帧。选中舞台窗口中的视频实例，选择"任意变形"工具 ，在视频的周围出现控制点，将鼠标指针移到视频右上方的控制点上，鼠标指针变为 形状，按住鼠标左键不放，向中间拖曳控制点，松开鼠标，视频缩小。将视频放置到适当的位置，在舞台窗口的任意位置单击，取消对视频的选取，效果如图 4-25 所示。

步骤⑥ 创建新图层并命名为"视频边框"。选择"基本矩形"工具 ，在基本矩形工具"属性"面板中将"笔触颜色"设为无，"填充颜色"设为黑色，在舞台窗口中绘制矩形，如图 4-26 所示。保持图形选取状态，按住 Alt+Shift 组合键的同时，水平向右拖曳图形到适当的位置，效果如图 4-27 所示。平板电脑广告制作完成，按 Ctrl+Enter 组合键查看效果，如图 4-28 所示。

图 4-25

图 4-26   图 4-27   图 4-28

4.2.4 【相关工具】

1. 导入视频素材

◎ 视频素材格式

Flash CS6 对导入的视频格式做了严格的限制，只能导入 F4V 和 FLV 格式的视频，而 FLV 格式是当前网页视频的主流。

　　◎ **F4V**

　　F4V 是 Adobe 公司为了迎接高清时代而推出的继 FLV 格式之后的支持 H.264 的流媒体格式。它和 FLV 的主要区别在于，FLV 格式采用的是 H.263 编码，F4V 则支持 H.264 编码的高清晰度视频，码率最高可达 50Mbit/s。

　　◎ **FLV**

　　FLV（Flash Video）文件可以导入或导出带编码音频的静态视频流，适用于通信应用程序，如视频会议或包含从 Adobe Flash Media Server 中导出的屏幕共享编码数据的文件。

　　◎ **导入 FLV 视频**

　　选择"文件 > 导入 > 导入视频"命令，弹出"导入视频"对话框，单击"浏览"按钮，在弹出的"打开"对话框中选择云盘中的"基础素材 > Ch04 > 02"文件，如图 4-29 所示。单击"打开"按钮，返回"导入视频"对话框，在对话框中单击"在 SWF 中嵌入 FLV 并在时间轴中播放"单选项，如图 4-30 所示，单击"下一步"按钮。

图 4-29　　　　　　　　　　　　　　　　　　　　图 4-30

　　进入"嵌入"对话框，如图 4-31 所示。单击"下一步"按钮，弹出"完成视频导入"对话框，如图 4-32 所示，单击"完成"按钮完成视频的编辑。

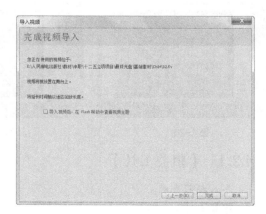

图 4-31　　　　　　　　　　　　　　　　　　　　图 4-32

　　此时，舞台窗口、时间轴和"库"面板中的效果分别如图 4-33～图 4-35 所示。

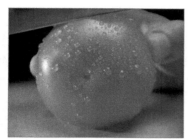

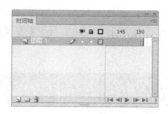

图 4-33　　　　　　　　　　图 4-34　　　　　　　　　　图 4-35

2．视频的属性

在"属性"面板中可以更改导入视频的属性。选中视频，选择"窗口 ＞ 属性"命令，弹出视频"属性"面板，如图 4-36 所示。

"实例名称"选项：可以设定嵌入视频的名称。

"交换"按钮：单击此按钮，弹出"交换视频"对话框，可以将视频剪辑与另一个视频剪辑进行交换。

"X""Y"选项：可以设定视频在场景中的位置。

"宽""高"选项：可以设定视频的宽度和高度。

图 4-36

3．在"时间轴"面板中设置帧

在"时间轴"面板中，可以对帧进行一系列操作。

◎ **插入帧**

选择"插入 ＞ 时间轴 ＞ 帧"命令，或按 F5 键，可以在时间轴上插入一个普通帧。

选择"插入 ＞ 时间轴 ＞ 关键帧"命令，或按 F6 键，可以在时间轴上插入一个关键帧。

选择"插入 ＞ 时间轴 ＞ 空白关键帧"命令，可以在时间轴上插入一个空白关键帧。

◎ **选择帧**

选择"编辑 ＞ 时间轴 ＞ 选择所有帧"命令，或按 Ctrl+Alt+A 组合键，选中时间轴中的所有帧。

单击要选择的帧，帧变为蓝色。

单击要选择的帧，再向前或向后拖曳，鼠标指针经过的帧全部被选中。

按住 Ctrl 键的同时，单击要选择的帧，可以选择多个不连续的帧。

按住 Shift 键的同时，单击要选择的两个帧，这两个帧中间的所有帧都被选中。

◎ **移动帧**

选中一个或多个帧，按住鼠标左键并拖曳所选的帧到目标位置。在拖曳过程中，如果按住 Alt 键，会在目标位置上复制所选的帧。

选中一个或多个帧，选择"编辑 ＞ 时间轴 ＞ 剪切帧"命令，或按 Ctrl+Alt+X 组合键，剪切所选的帧。选中目标位置，选择"编辑 ＞ 时间轴 ＞ 粘贴帧"命令，或按 Ctrl+Alt+V 组合键，在目标位置上粘贴所选的帧。

◎ 删除帧

用鼠标右键单击要删除的帧，在弹出的快捷菜单中选择"清除帧"命令。选中要删除的普通帧，按 Shift+F5 组合键删除帧。选中要删除的关键帧，按 Shift+F6 组合键删除关键帧。

4.2.5 【实战演练】制作液晶电视广告

使用"导入"命令，导入视频；使用"变形"工具，调整视频的大小；使用"属性"面板，固定视频的位置；使用"矩形"工具，绘制装饰边框。最终效果参看云盘中的"Ch04 > 效果 >制作液晶电视广告"，如图 4-37 所示。

微课：制作液晶
电视广告

图 4-37

4.3 制作健身舞蹈广告

4.3.1 【案例分析】

健身舞蹈是一种集体性健身活动形式，它编排新颖、动作简单、易于普及，已经成为现代人热衷的健身娱乐方式。健身舞蹈广告要表现出健康、时尚、积极和进取的主题。

4.3.2 【设计理念】

在设计制作过程中，以蓝色的背景和彩色的圆环表现生活的多彩。以正在舞蹈的人物剪影表现出运动的生机和活力。以跃动的节奏图形和主题文字激发人们参与健身舞蹈的热情。最终效果参看云盘中的"Ch04 > 效果 > 制作健身舞蹈广告"，如图 4-38 所示。

图 4-38

4.3.3 【操作步骤】

1. 导入图片并制作人物动画

步骤① 选择"文件 > 新建"命令，弹出"新建文档"对话框，在"常规"选项卡中选择"ActionScript 3.0"选项，将"宽"设为 350，"高"设为 500，"背景颜色"设为蓝色（#00CBFF），单击"确定"按钮，完成文档的创建。

步骤② 选择"文件 > 导入 > 导入到库"命令，在弹出的"导入到库"对

微课：制作健身
舞蹈广告 1

话框中，选择云盘中的"Ch04 > 素材 > 制作健身舞蹈广告 > 01 ～ 06"文件，单击"打开"按钮，文件被导入"库"面板中，如图 4-39 所示。

    步骤③ 按 Ctrl+L 组合键，弹出"库"面板。在"库"面板下方单击"新建元件"按钮，弹出"创建新元件"对话框，在"名称"文本框中输入"人物动"，在"类型"下拉列表中选择"影片剪辑"，单击"确定"按钮，新建一个影片剪辑元件"人物动"，舞台窗口也随之转换为影片剪辑元件的舞台窗口。将"库"面板中的位图"04"拖曳到舞台窗口左侧，如图 4-40 所示。按 F8 键，在弹出的"转换为元件"对话框中进行设置，如图 4-41 所示，单击"确定"按钮，将位图"04"转换为图形元件"人物 1"。

图 4-39   图 4-40   图 4-41

    步骤④ 单击"时间轴"面板下方的"新建图层"按钮，生成"图层 2"。将"库"面板中的位图"05"拖曳到舞台窗口右侧，如图 4-42 所示。按 F8 键，在弹出的"转换为元件"对话框中进行设置，如图 4-43 所示，单击"确定"按钮，将位图"05"转换为图形元件"人物 2"。

    步骤⑤ 分别选中"图层 1""图层 2"的第 10 帧，按 F6 键，插入关键帧，在舞台窗口中选中对应的人物，按住 Shift 键，分别将其向舞台中心水平拖曳，效果如图 4-44 所示。

图 4-42   图 4-43   图 4-44

    步骤⑥ 分别用鼠标右键单击"图层 1""图层 2"的第 1 帧，在弹出的快捷菜单中选择"创建传统补间"命令，生成传统补间动画，如图 4-45 所示。

    步骤⑦ 分别选中"图层 1""图层 2"的第 40 帧，按 F5 键，插入普通帧。分别选中"图层 1"的第 16 帧、第 17 帧，按 F6 键，插入关键帧。

    步骤⑧ 选中"图层 1"的第 16 帧，在舞台窗口中选中"人物 1"实例，在图形"属性"面板中选择"色彩效果"选项组，在"样式"下拉列表中选择"色调"，将"着色"设为白色，其他选项为默认值，舞台窗口中的效果如图 4-46 所示。

图 4-45　　　　　　　　　　　　　　　　　图 4-46

步骤 ⑨ 选中"图层 1"的第 16 帧、第 17 帧，用鼠标右键单击被选中的帧，在弹出的快捷菜单中选择"复制帧"命令，将其复制。用鼠标右键单击"图层 1"的第 21 帧，在弹出的快捷菜单中选择"粘贴帧"命令，将复制过的帧粘贴到第 21 帧中。

步骤 ⑩ 分别选中"图层 2"的第 15 帧、第 16 帧，按 F6 键，插入关键帧。选中"图层 2"的第 15 帧，在舞台窗口中选中"人物 2"实例，用"步骤 7"中的方法对其进行同样的操作，效果如图 4-47 所示。选中"图层 2"的第 15 帧和第 16 帧，将其复制，并粘贴到"图层 2"的第 20 帧中，如图 4-48 所示。

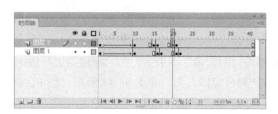

图 4-47　　　　　　　　　　　　　　　　　图 4-48

2. 制作影片剪辑元件

步骤 ① 单击"新建元件"按钮，新建影片剪辑元件"声音条"，舞台窗口也随之转换为影片剪辑元件的舞台窗口。选择"矩形"工具，在工具箱中将"笔触颜色"设为无，"填充颜色"设为白色，在舞台窗口中绘制多个矩形，选中所有矩形，选择"窗口 > 对齐"命令，弹出"对齐"面板，单击"底对齐"按钮，将所有矩形底对齐，效果如图 4-49 所示。

微课：制作健身
舞蹈广告 2

步骤 ② 选中"图层 1"的第 8 帧，按 F5 键，插入普通帧。分别选中第 3 帧、第 5 帧、第 7 帧，按 F6 键，插入关键帧。选中"图层 1"的第 3 帧，选择"任意变形"工具，在舞台窗口中随机改变各矩形的高度，保持底对齐。

步骤 ③ 用"步骤 2"中的方法分别对"图层 1"的第 5 帧、第 7 帧对应舞台窗口中的矩形进行操作。

步骤 ④ 单击"新建元件"按钮，新建影片剪辑元件"文字"，舞台窗口也随之转换为影片剪辑元件的舞台窗口。将"库"面板中的位图"03"拖曳到舞台窗口中，效果如图 4-50 所示。选中"图层 1"的第 6 帧，按 F5 键，插入普通帧。

步骤 ⑤ 单击"时间轴"面板下方的"新建图层"按钮，新建"图层 2"。选择"文本"工具，在文本工具"属性"面板中进行设置，在舞台窗口中的适当位置输入大小为 22，字体为"方正兰亭特黑长简体"的白色文字，文字效果如图 4-51 所示。

图 4-49 图 4-50 图 4-51

步骤 ⑥ 选中文字，按 2 次 Ctrl+B 组合键，将其打散。选择"任意变形"工具，单击工具箱下方的"扭曲"按钮，拖动控制点将文字变形，并放置到合适的位置，效果如图 4-52 所示。

步骤 ⑦ 选中"图层 2"的第 4 帧，按 F6 键，插入关键帧，在工具箱中将"填充颜色"设为红色，舞台窗口中的效果如图 4-53 所示。

图 4-52 图 4-53

步骤 ⑧ 单击"新建元件"按钮，新建影片剪辑元件"圆动"，舞台窗口也随之转换为影片剪辑元件的舞台窗口。将"库"面板中的位图"02"拖曳到舞台窗口中，效果如图 4-54 所示。按 F8 键，在弹出的"转换为元件"对话框中进行设置，如图 4-55 所示，单击"确定"按钮，将位图"02"转换为图形元件"圆"。

步骤 ⑨ 分别选中"图层 1"的第 10 帧、第 20 帧，按 F6 键，插入关键帧。选中"图层 1"的第 10 帧，在舞台窗口中选中"圆"实例，选择"任意变形"工具，按住 Shift 键拖动控制点，将其等比例放大，效果如图 4-56 所示。

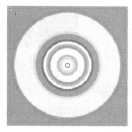

图 4-54 图 4-55 图 4-56

步骤 ⑩ 分别用鼠标右键单击"图层 1"的第 1 帧、第 10 帧，在弹出的快捷菜单中选择"创建传统补间"命令，生成传统补间动画。

3. 制作动画效果

步骤 ① 单击舞台窗口左上方的"场景 1"图标，进入"场景 1"的舞台窗口。将"图层 1"重命名为"底图"。将"库"面板中的位图"01"拖曳到舞台窗口中，效果如图 4-57 所示。

步骤 ② 在"时间轴"面板中创建新图层并命名为"圆"。将"库"面板中的影片剪辑元件"圆动"向舞台窗口中拖曳 4 次，选择"任意变形"工具，按需要分别调整"圆动"实例的大小，并放置到合适的位置，如图 4-58 所示。

微课：制作健身
舞蹈广告 3

图 4-57　　　　　　　　　图 4-58

步骤③ 在"时间轴"面板中创建新图层并命名为"声音条"。将"库"面板中的影片剪辑元件"声音条"拖曳到舞台窗口中，选择"任意变形"工具，调整其大小，并放置到合适的位置，效果如图 4-59 所示。

步骤④ 在"时间轴"面板中创建新图层并命名为"人物"。将"库"面板中的影片剪辑元件"人物动"拖曳到舞台窗口中，效果如图 4-60 所示。

图 4-59　　　　　　　　　图 4-60

步骤⑤ 在"时间轴"面板中创建新图层并命名为"文字"。将"库"面板中的影片剪辑元件"文字"拖曳到舞台窗口中，效果如图 4-61 所示。

步骤⑥ 在"时间轴"面板中创建新图层并命名为"装饰"。将"库"面板中的位图"06"拖曳到舞台窗口中，效果如图 4-62 所示。健身舞蹈广告制作完成，按 Ctrl+Enter 组合键查看效果。

图 4-61　　　　　　　　　图 4-62

4.3.4 【相关工具】

1. 创建传统补间

新建空白文档，选择"文件 > 导入 > 导入到库"命令，将云盘中的"基础素材 > Ch04 > 03"文件导入"库"面板中，如图 4-63 所示。将图形元件"03.ai"拖曳到舞台的右侧，如图 4-64 所示。

图 4-63   图 4-64

选中第 10 帧，按 F6 键，插入关键帧，如图 4-65 所示。将图形拖曳到舞台的左侧，如图 4-66 所示。

用鼠标右键单击第 1 帧，在弹出的快捷菜单中选择"创建传统补间"命令，创建传统补间动画。设为"动画"后，"属性"面板出现多个新的选项，如图 4-67 所示。

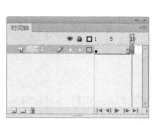

图 4-65   图 4-66   图 4-67

"缓动"选项：用于设定动作补间动画从开始到结束时的运动速度，其取值范围为 $-100 \sim 100$。选择正数时，运动速度呈减速度，即开始时速度快，然后速度逐渐减慢；选择负数时，运动速度呈加速度，即开始时速度慢，然后速度逐渐加快。

"旋转"选项：用于设置对象在运动过程中的旋转样式和次数。

"贴紧"选项：勾选此复选框，如果使用运动引导动画，则根据对象的中心点将其吸附到运动路径上。

"调整到路径"选项：勾选此复选框，对象在运动引导动画过程中，可以根据引导路径的曲线改变变化的方向。

"同步"选项：勾选此复选框，如果对象是一个包含动画效果的图形组件实例，则其动画和主时间轴同步。

"缩放"选项：勾选此复选框，对象在动画过程中可以改变比例。

在"时间轴"面板中，第 1 帧～第 10 帧出现蓝色的背景和黑色的箭头，表示生成传统补间动画，如图 4-68 所示。完成动作补间动画的制作，按 Enter 键让播放头播放，即可观看制作效果。

　　如果想观察制作的动作补间动画中每一帧产生的不同效果，可以单击"时间轴"面板下方的"绘图纸外观"按钮，并将标记点的起始点设为第 1 帧，终止点设为第 10 帧，如图 4-69 所示。舞台显示不同帧中图形位置的变化，效果如图 4-70 所示。

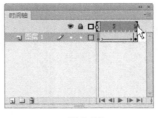

图 4-68 　　　　　　　　　　　　图 4-69 　　　　　　　　　　　　图 4-70

　　如果在帧"属性"面板中，将"旋转"设为"逆时针"，如图 4-71 所示，那么在不同的帧中，图形位置的变化效果如图 4-72 所示。

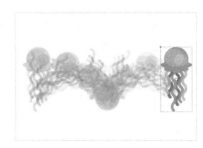

图 4-71 　　　　　　　　　　　　　　　　图 4-72

　　还可以在对象的运动过程中改变其大小、透明度等。

　　新建空白文档，选择"文件 > 导入 > 导入到库"命令，将云盘中的"基础素材 > Ch04 > 04"文件导入"库"面板，如图 4-73 所示。将图形拖曳到舞台的中心，如图 4-74 所示。

　　选中第 10 帧，按 F6 键插入关键帧，如图 4-75 所示。选择"任意变形"工具，在舞台中单击图形，出现变形控制点，如图 4-76 所示。

图 4-73 　　　　　　　　　图 4-74 　　　　　　　　　　　图 4-75 　　　　　　　　　图 4-76

将鼠标指针移到左侧的控制点上，指针变为双箭头 ↔ 形状，按住鼠标左键不放，选中控制点向右拖曳，将图形水平翻转，如图 4-77 所示。松开鼠标左键后的效果如图 4-78 所示。

按 Ctrl+T 组合键，弹出"变形"面板，将"缩放宽度"设为 70%，其他选项为默认值，如图 4-79 所示。按 Enter 键确定操作，效果如图 4-80 所示。

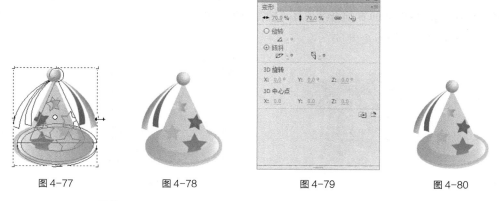

| 图 4-77 | 图 4-78 | 图 4-79 | 图 4-80 |

选择"选择"工具，选中图形，选择"窗口 > 属性"命令，弹出图形"属性"面板，在"色彩效果"选项组中的"样式"下拉列表中选择"Alpha"，将下方的"Alpha"设为 20%，如图 4-81 所示。

舞台中图形的不透明度被改变，如图 4-82 所示。用鼠标右键单击第 1 帧，在弹出的快捷菜单中选择"创建传统补间"命令，第 1 帧～第 10 帧生成动作补间动画，如图 4-83 所示。按 Enter 键，让播放头播放，即可观看制作效果。

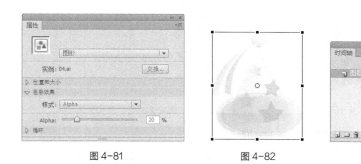

| 图 4-81 | 图 4-82 | 图 4-83 |

在不同的关键帧中，图形的动作变化效果如图 4-84 所示。

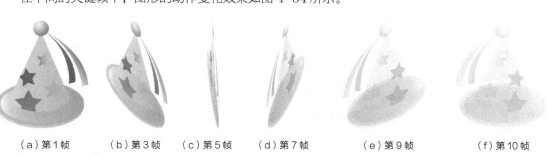

（a）第 1 帧　　（b）第 3 帧　　（c）第 5 帧　　（d）第 7 帧　　（e）第 9 帧　　（f）第 10 帧

图 4-84

2. 创建补间形状

如果舞台上的对象是组件实例、多个图形的组合、文字或导入的素材对象，必须先分离或取消组合，将其打散成图形，才能制作形状补间动画。利用这种动画，也可以实现上述对象的大小、位置、旋转、颜色及透明度等变化。

选择"文件 > 导入 > 导入到舞台"命令，将云盘中的"基础素材 > Ch04 > 05"文件导入舞台的第 1 帧中。多次按 Ctrl+B 组合键将其打散，如图 4-85 所示。选中"图层 1"的第 10 帧，按 F7 键，插入空白关键帧，如图 4-86 所示。

 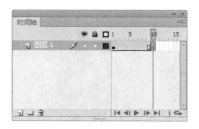

图 4-85　　　　　　　　　　　　　　图 4-86

选择"文件 > 导入 > 导入到库"命令，将云盘中的"基础素材 > Ch04 > 06"文件导入库中。将"库"面板中的图形元件"06.ai"拖曳到第 10 帧的舞台窗口中，多次按 Ctrl+B 组合键将其打散，如图 4-87 所示。

用鼠标右键单击第 1 帧，在弹出的快捷菜单中选择"创建补间形状"命令，如图 4-88 所示。

图 4-87　　　　　　　　　　　　　　图 4-88

设为"形状"后，面板中出现如下两个新的选项。

"缓动"选项：用于设定变形动画从开始到结束时的变形速度，其取值范围为-100 ～ 100。选择正数时，变形速度呈减速度，即开始时速度快，然后速度逐渐减慢；选择负数时，变形速度呈加速度，即开始时速度慢，然后速度逐渐加快。

"混合"选项：提供了"分布式"和"角形"两个选项。选择"分布式"选项可以使变形的中间形状趋于平滑。"角形"选项则创建包含角度和直线的中间形状。

设置完成后，在"时间轴"面板中，第 1 帧～第 10 帧出现绿色的背景和黑色的箭头，表示生成形状补间动画，如图 4-89 所示。按 Enter 键，让播放头播放，即可观看制作效果。

图 4-89

在变形过程中，每一帧上的图形都发生不同的变化，如图 4-90 所示。

（a）第1帧　　　　（b）第3帧　　　　（c）第5帧　　　　（d）第7帧　　　　（e）第10帧

图 4-90

3. 逐帧动画

新建空白文档，选择"文本"工具 T，在第 1 帧的舞台中输入文字"春"字，如图 4-91 所示。在"时间轴"面板中选中第 2 帧，如图 4-92 所示。按 F6 键，插入关键帧，如图 4-93 所示。

  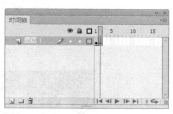

图 4-91　　　　　　　　　　图 4-92　　　　　　　　　　图 4-93

在第 2 帧的舞台中输入"暖"字，如图 4-94 所示。用相同的方法在第 3 帧上插入关键帧，在舞台中输入"花"字，如图 4-95 所示。在第 4 帧上插入关键帧，在舞台中输入"开"字，如图 4-96 所示。按 Enter 键，让播放头播放，即可观看制作效果。

图 4-94　　　　　　　　　　图 4-95　　　　　　　　　　图 4-96

还可以从外部导入图片组来实现逐帧动画的效果。

选择"文件 > 导入 > 导入到舞台"命令，弹出"导入"对话框，在对话框中选中素材文件，如图 4-97 所示，单击"打开"按钮，弹出提示对话框，询问是否导入图像序列中的所有图像，如图 4-98 所示。

单击"是"按钮，将图像序列导入舞台中，如图 4-99 所示。按 Enter 键，让播放头播放，即可观看制作效果。

4. 创建图形元件

选择"插入 > 新建元件"命令，或按 Ctrl+F8 组合键，弹出"创建新元件"对话框，在"名称"文本框中输入"植物"，在"类型"下拉列表中选择"图形"选项，如图 4-100 所示。

图 4-97　　　　　　　　　　　　　　　　　　图 4-98

图 4-99　　　　　　　　　　　　　　　　　　图 4-100

　　单击"确定"按钮，创建一个新的图形元件"植物"。图形元件的名称出现在舞台的左上方，舞台切换到了图形元件"植物"的窗口，窗口中间出现十字"＋"，代表图形元件的中心定位点，如图 4-101 所示。在"库"面板中显示图形元件，如图 4-102 所示。

　　选择"文件 > 导入 > 导入到舞台"命令，弹出"导入"对话框，在弹出的对话框中，选择云盘中的"基础素材 > Ch04 > 07"文件，单击"打开"按钮，将素材导入舞台，如图 4-103 所示，完成图形元件的创建。单击舞台窗口左上方的"场景 1"图标 场景 1，可以返回到场景 1 的编辑舞台。

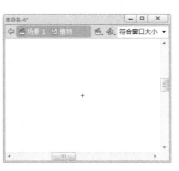

图 4-101　　　　　　　　　　图 4-102　　　　　　　　　　图 4-103

　　还可以应用"库"面板创建图形元件。单击"库"面板右上方的 按钮，在下拉菜单中选择"新建元件"命令,弹出"创建新元件"对话框。选中"图形"选项,单击"确定"按钮,创建图形元件。也可在"库"面板中创建按钮元件和影片剪辑元件。

5. 创建按钮元件

选择"插入 > 新建元件"命令,弹出"创建新元件"对话框,在"名称"文本框中输入"图标",在"类型"下拉列表中选择"按钮"选项,如图 4-104 所示。

单击"确定"按钮,创建一个新的按钮元件"图标"。按钮元件的名称出现在舞台的左上方,舞台切换到按钮元件"图标"的窗口,窗口中间出现十字"+",代表按钮元件的中心定位点。在"时间轴"窗口中显示 4 个状态帧,即"弹起""指针经过""按下"和"点击",如图 4-105 所示。

图 4-104 图 4-105

"弹起"帧:设置鼠标指针不在按钮上时,按钮的外观。

"指针经过"帧:设置鼠标指针放在按钮上时,按钮的外观。

"按下"帧:设置按钮被鼠标单击时的外观。

"点击"帧:设置响应鼠标单击的区域。此区域在影片里不可见。

"库"面板中的效果如图 4-106 所示。

选择"文件 > 导入 > 导入到舞台"命令,弹出"导入"对话框,在对话框中,选择云盘中的"基础素材 > Ch04 > 08"文件,单击"打开"按钮,将素材导入舞台,效果如图 4-107 所示。在"时间轴"面板中选中"指针经过"帧,按 F7 键插入空白关键帧,如图 4-108 所示。

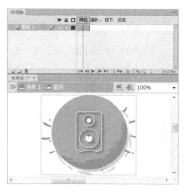

图 4-106 图 4-107 图 4-108

选择"文件 > 导入 > 导入到库"命令,弹出"导入到库"对话框,在对话框中选择云盘中的

"基础素材 > Ch04 > 09、10"文件，单击"打开"按钮，将素材导入"库"面板。将"库"面板中的图形元件"09.ai"拖曳到舞台窗口中，效果如图 4-109 所示。

在"时间轴"面板中选中"按下"帧，按 F7 键，插入空白关键帧，如图 4-110 所示。将"库"面板中的图形元件"10.ai"拖曳到舞台窗口中，效果如图 4-111 所示。

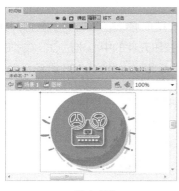

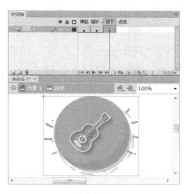

图 4-109　　　　　　　　　　　　图 4-110　　　　　　　　　　　　图 4-111

在"时间轴"面板中选中"点击"帧，按 F7 键插入空白关键帧，如图 4-112 所示。选择"矩形"工具，在工具箱中将"笔触颜色"设为无，"填充颜色"设为黑色，按住 Shift 键的同时，在中心点上绘制一个矩形，作为按钮动画应用时，鼠标响应的区域，如图 4-113 所示。

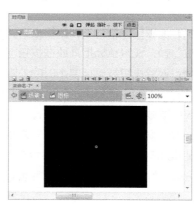

图 4-112　　　　　　　　　　　　　　　　　图 4-113

表情按钮元件制作完成，在各关键帧上，舞台中显示的图形如图 4-114 所示。单击舞台窗口左上方的"场景 1"图标，可以返回场景 1 的编辑舞台。

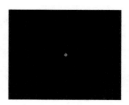

（a）弹起关键帧　　　（b）指针经过关键帧　　　（c）按下关键帧　　　（d）点击关键帧

图 4-114

6. 创建影片剪辑元件

选择"插入 > 新建元件"命令，弹出"创建新元件"对话框，在"名称"文本框中输入"字母变形"，在"类型"下拉列表中选择"影片剪辑"选项，如图 4-115 所示。

单击"确定"按钮，创建一个新的影片剪辑元件"字母变形"。影片剪辑元件的名称出现在舞台的左上方，舞台切换到了影片剪辑元件"字母变形"的窗口，窗口中间出现十字"＋"，代表影片剪辑元件的中心定位点，如图 4-116 所示。在"库"面板中显示影片剪辑元件，如图 4-117 所示。

图 4-115

图 4-116

图 4-117

选择"文本"工具 T ，在文本工具"属性"面板中进行设置，在舞台窗口中的适当位置输入大小为 200，字体为"方正水黑简体"的绿色（#009900）字母，文字效果如图 4-118 所示。选择"选择"工具 ，选中字母，按 Ctrl+B 组合键将其打散，效果如图 4-119 所示。在"时间轴"面板中选中第 20 帧，按 F7 键在该帧插入空白关键帧，如图 4-120 所示。

图 4-118

图 4-119

图 4-120

选择"文本"工具 T ，在文本工具"属性"面板中进行设置，在舞台窗口中的适当位置输入大小为 200，字体为"方正水黑简体"的橙黄色（#FF9900）字母，文字效果如图 4-121 所示。选择"选择"工具 ，选中字母，按 Ctrl+B 组合键将其打散，效果如图 4-122 所示。

用鼠标右键单击第 1 帧，在弹出的快捷菜单中选择"创建补间形状"命令，如图 4-123 所示，生成形状补间动画，如图 4-124 所示。

影片剪辑元件制作完成，在不同的关键帧上，舞台显示不同的变形图形，如图 4-125 所示。单击舞台左上方的场景名称"场景 1"，可以返回场景的编辑舞台。

图 4-121　　　　　　　　　　　　　　图 4-122

图 4-123　　　　　　　　　　　　　　图 4-124

（a）第 1 帧　　　（b）第 5 帧　　　（c）第 10 帧　　　（d）第 15 帧　　　（e）第 20 帧

图 4-125

7. 改变实例的颜色和透明度

在舞台中选中实例，选择"属性"面板，"色彩效果"选项组中的"样式"下拉列表如图 4-126 所示。

"无"选项：表示对当前实例不进行任何更改。如果对实例以前做的变化效果不满意，可以选择此选项，取消实例的变化效果，再重新设置新的效果。

"亮度"选项：用于调整实例的明暗对比度。

可以在"亮度数量"选项中直接输入数值，也可以拖动右侧的滑块来设置数值，如图 4-127 所示。其默认的数值为 0，取值范围为-100～100。当取值大于 0 时，实例变亮；当取值小于 0 时，实例变暗。

图 4-126　　　　　　　　　　　　　　图 4-127

输入不同数值，实例的不同亮度效果如图 4-128 所示。

（a）数值为 80　　　（b）数值为 45　　　（c）数值为 0　　　（d）数值为 -45　　　（e）数值为 -80

图 4-128

"色调"选项：用于为实例增加颜色，如图 4-129 所示。可以单击"样式"选项右侧的色块，在弹出的色板中选择要应用的颜色，如图 4-130 所示。应用颜色后的实例效果如图 4-131 所示。在"色调"选项右侧的"色彩数量"文本框中设置数值，如图 4-132 所示。

图 4-129

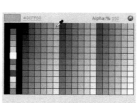

图 4-130

图 4-131

图 4-132

数值范围为 0～100。当数值为 0 时，实例颜色不受影响；当数值为 100 时，实例颜色完全被所选颜色取代。也可以在"红、绿、蓝"选项的数值框中输入数值来设置颜色。

"高级"选项：用于设置实例的颜色和透明效果，可以分别调节"红""绿""蓝"和"Alpha"的值。

在舞台中选中实例，如图 4-133 所示，在"样式"下拉列表中选择"高级"选项，如图 4-134 所示，各个选项的设置如图 4-135 所示，效果如图 4-136 所示。

图 4-133

图 4-134

图 4-135

图 4-136

"Alpha"选项：用于设置实例的透明效果，如图 4-137 所示。数值范围为 0～100。数值为 0 时，实例透明；数值为 100 时，实例不透明。

图 4-137

输入不同数值，实例的不透明度效果如图 4-138 所示。

（a）数值为 30　　　　（b）数值为 60　　　　（c）数值为 80　　　　（d）数值为 100

图 4-138

4.3.5　【实战演练】制作时尚戒指广告

使用"钢笔"工具和"颜料桶"工具，绘制飘带图形和戒指高光效果，使用"创建补间形状"命令，制作飘带动画效果。最终效果参看云盘中的"Ch04 > 效果 > 制作时尚戒指广告"，如图 4-139 所示。

微课：制作时尚　　　　微课：制作时尚
戒指广告 1　　　　　戒指广告 2

图 4-139

4.4　综合演练——制作爱心巴士广告

4.4.1　【案例分析】

爱心巴士广告要向消费者宣传便捷出行的理念，需要在画面中体现出巴士具有的特点，突出宣传主题。用简洁的标题文字，起到倡导大家绿色出行的效果，从而达到广告目的。

4.4.2　【设计理念】

在设计制作过程中，使用浅色的背景突出前方的巴士主体，起到衬托的效果。巴士图片下方增加了投影效果，与颜色醒目的标题文字一同提升画面的档次，展现出现代感。左侧的花朵和立牌作为点缀，使画面具有空间感，宣传性强。

4.4.3 【知识要点】

使用"文本"工具，添加文字；使用"转换为元件"命令，将文字转换为元件；使用"分散到图层"命令，将层中的对象分散到独立层；使用"创建传统补间"命令，制作文字动画效果；使用"变形"面板，缩放实例的大小及角度。最终效果参看云盘中的"Ch04 > 效果 > 制作爱心巴士广告"，如图 4-140 所示。

微课：制作爱心
巴士广告 1

微课：制作爱心
巴士广告 2

微课：制作爱心
巴士广告 3

图 4-140

4.5 综合演练——制作手机广告

4.5.1 【案例分析】

手机目前已经成为人们生活中不可缺少的通信设备，本案例要求制作一款手机广告，为某品牌推出的新款手机进行宣传。在宣传手机特色的同时，还能够展现品牌的魅力，达到吸引消费者购买的目的。

4.5.2 【设计理念】

在设计制作过程中，使用背景动画使视觉效果更加震撼和强烈，绚丽的色彩使背景更加炫酷，并且很好地衬托了时尚新潮的手机图片，蓝色的文字与背景搭配相得益彰，整个广告画面搭配合理，符合广告的需求和定位。

4.5.3 【知识要点】

使用"遮罩层"命令，制作遮罩动画效果；使用"矩形"工具和"颜色"面板，制作渐变矩形；使用"动作"面板，设置脚本语言。最终效果参看云盘中的"Ch04 > 效果 > 制作手机广告"，如图 4-141 所示。

微课：制作
手机广告 1

微课：制作
手机广告 2

微课：制作
手机广告 3

图 4-141

05

第5章
电子相册

电子相册可以用于展示美丽的风景、展现亲密的友情、记录精彩的瞬间。本章以多个主题的电子相册为例，介绍电子相册的构思方法和制作技巧。读者通过本章的学习，可以掌握制作要点，从而设计制作出精美的电子相册。

课堂学习目标

✓ 掌握电子相册的设计思路
✓ 掌握电子相册的应用技巧
✓ 掌握电子相册的制作方法

5.1 制作万圣节照片

5.1.1 【案例分析】

在我们的生活中，总会有许多的温馨时刻被相机记录下来。我们可以将这些温馨的照片制作成电子相册，通过新的艺术形式和技术手段给这些照片新的意境。

5.1.2 【设计理念】

在设计制作过程中，先设计出符合照片特色的背景图，再设置好照片之间互相切换的顺序，增加电子相册的趣味性。在舞台窗口中更换不同的生活照片，完美表现出生活的精彩瞬间。最终效果参看云盘中的"Ch05 > 效果 > 制作万圣节照片"，如图 5-1 所示。

图 5-1

5.1.3 【操作步骤】

1. 导入图片并制作小照片按钮

步骤① 选择"文件 > 新建"命令，弹出"新建文档"对话框，在"常规"选项卡中选择"ActionScript 2.0"选项，将"宽"设为 500，"高"设为 500，如图 5-2 所示，单击"确定"按钮，完成文档的创建。

步骤② 在"属性"面板"发布"选项组的"目标"下拉列表中选择"Flash Player 10.3"，如图 5-3 所示。

微课：制作
万圣节照片 1

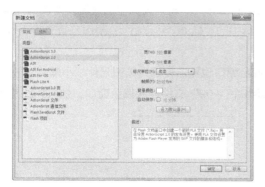

图 5-2

图 5-3

步骤③ 将"图层 1"重命名为"底图"，如图 5-4 所示。选择"文件 > 导入 > 导入到舞台"命令，在弹出的"导入"对话框中，选择云盘中的"Ch05 > 素材 > 制作万圣节照片 > 01"文件，单击"打开"按钮，文件被导入舞台窗口，效果如图 5-5 所示。选中"底图"图层的第 78 帧，按 F5 键，插入普通帧。

步骤④ 按 Ctrl+L 组合键，弹出"库"面板，在"库"面板下方单击"新建元件"按钮，弹出"创

建新元件"对话框，在"名称"文本框中输入"小照片 1"，在"类型"下拉列表中选择"按钮"选项，单击
"确定"按钮，新建按钮元件"小照片 1"，如图 5-6 所示，舞台窗口也随之转换为按钮元件的舞台窗口。

图 5-4 图 5-5 图 5-6

步骤 ⑤ 选择"文件 > 导入 > 导入到舞台"命令，在弹出的"导入"对话框中，选择云盘中的
"Ch05 > 素材 > 制作万圣节照片 > 07"文件，单击"打开"按钮，弹出"Adobe Flash CS6"提
示对话框，询问是否导入序列中的所有图像，如图 5-7 所示，单击"否"按钮，文件被导入舞台窗口
中，效果如图 5-8 所示。

图 5-7 图 5-8

步骤 ⑥ 新建按钮元件"小照片 2"，如图 5-9 所示。舞台窗口也随之转换为按钮元件"小照片 2"
的舞台窗口。用"步骤 5"中的方法，将云盘中的"Ch05 > 素材 > 制作万圣节照片 > 08"文件导
入舞台窗口，效果如图 5-10 所示。

步骤 ⑦ 新建按钮元件"小照片 3"，舞台窗口也随之转换为按钮元件"小照片 3"的舞台窗口。
将云盘中的"Ch05 > 素材 > 制作万圣节照片 > 09"文件导入舞台窗口，效果如图 5-11 所示。

图 5-9 图 5-10 图 5-11

步骤 ⑧ 新建按钮元件"小照片 4"，舞台窗口也随之转换为按钮元件"小照片 4"的舞台窗口。将云盘中的"Ch05 > 素材 > 制作万圣节照片 > 10"文件导入舞台窗口中，效果如图 5-12 所示。新建按钮元件"小照片 5"，舞台窗口也随之转换为按钮元件"小照片 5"的舞台窗口。将云盘中的"Ch05 > 素材 > 制作万圣节照片 > 11"文件导入舞台窗口，效果如图 5-13 所示。

图 5-12　　　　　　　　　　　　图 5-13

步骤 ⑨ 单击"库"面板下方的"新建文件夹"按钮，创建一个文件夹并将其命名为"照片"，如图 5-14 所示。在"库"面板中选中任意一幅位图图片，按住 Ctrl 键选中所有位图图片，如图 5-15 所示。将选中的图片拖曳到"照片"文件夹中，如图 5-16 所示。

  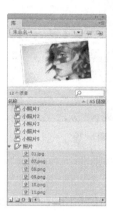

图 5-14　　　　　　　　图 5-15　　　　　　　　图 5-16

2. 在场景中确定小照片的位置

步骤 ① 单击舞台窗口左上方的"场景 1"图标，进入"场景 1"的舞台窗口。单击"时间轴"面板下方的"新建图层"按钮，创建新图层并命名为"小照片"。将"库"面板中的按钮元件"小照片 1"拖曳到舞台窗口中，在实例"小照片 1"的"属性"面板中，将 X 设为 18，Y 设为 340，将实例放置在背景图的左下方，效果如图 5-17 所示。

微课：制作
万圣节照片 2

步骤 ② 将"库"面板中的按钮元件"小照片 2"拖曳到舞台窗口中，在实例"小照片 2"的"属性"面板中，将 X 设为 104，Y 设为 370，将实例放置在背景图的左下方，效果如图 5-18 所示。

步骤 ③ 将"库"面板中的按钮元件"小照片 3"拖曳到舞台窗口中，在实例"小照片 3"的"属性"面板中，将 X 设为 195，Y 设为 342，将实例放置在背景图的中下方，效果如图 5-19 所示。

步骤 ④ 将"库"面板中的按钮元件"小照片 4"拖曳到舞台窗口中，在实例"小照片 4"的"属性"面板中，将 X 设为 288，Y 设为 365，将实例放置在背景图的右下方，效果如图 5-20 所示。

图 5-17 　　　　　　　　　　　　　　　　　图 5-18

步骤⑤ 将"库"面板中的按钮元件"小照片 5"拖曳到舞台窗口中，在实例"小照片 5"的"属性"面板中，将 X 设为 356，Y 设为 330，将实例放置在背景图的右下方，效果如图 5-21 所示。

图 5-19 　　　　　　　　　　图 5-20 　　　　　　　　　　图 5-21

步骤⑥ 分别选中"小照片"图层的第 2 帧、第 16 帧、第 31 帧、第 47 帧、第 63 帧，按 F6 键，插入关键帧。

步骤⑦ 选中"小照片"图层的第 2 帧，在舞台窗口中选中实例"小照片 1"，按 Delete 键将其删除，效果如图 5-22 所示。选中"小照片"图层的第 16 帧，在舞台窗口中选中实例"小照片 2"，按 Delete 键将其删除，效果如图 5-23 所示。选中"小照片"图层的第 31 帧，在舞台窗口中选中实例"小照片 3"，按 Delete 键将其删除，效果如图 5-24 所示。

图 5-22 　　　　　　　　　　图 5-23 　　　　　　　　　　图 5-24

步骤⑧ 选中"小照片"图层的第 47 帧，在舞台窗口中选中实例"小照片 4"，按 Delete 键将其删除，效果如图 5-25 所示。选中"小照片"图层的第 63 帧，在舞台窗口中选中实例"小照片 5"，按 Delete 键将其删除，效果如图 5-26 所示。

图 5-25

图 5-26

3. 制作大照片按钮

步骤① 在"库"面板下方单击"新建元件"按钮，弹出"创建新元件"对话框，在"名称"文本框中输入"大照片 1"，在"类型"下拉列表中选择"按钮"选项，单击"确定"按钮，新建按钮元件"大照片 1"，舞台窗口也随之转换为按钮元件的舞台窗口。

微课：制作
万圣节照片 3

步骤② 选择"文件 > 导入 > 导入到舞台"命令，在弹出的"导入"对话框中，选择云盘中的"Ch05 > 素材 > 制作万圣节照片 > 02"文件，单击"打开"按钮，弹出"Adobe Flash CS6"提示对话框，询问是否导入序列中的所有图像，如图 5-27 所示，单击"否"按钮，文件被导入舞台窗口，效果如图 5-28 所示。

图 5-27

图 5-28

步骤③ 新建按钮元件"大照片 2"，舞台窗口也随之转换为按钮元件"大照片 2"的舞台窗口。用相同的方法将云盘中的"Ch05 > 素材 > 制作万圣节照片 > 03"文件导入舞台窗口，效果如图 5-29 所示。新建按钮元件"大照片 3"，舞台窗口也随之转换为按钮元件"大照片 3"的舞台窗口。将云盘中的"Ch05 > 素材 > 制作万圣节照片 > 04"文件导入舞台窗口，效果如图 5-30 所示。

图 5-29

图 5-30

步骤④ 新建按钮元件"大照片 4"，舞台窗口也随之转换为按钮元件"大照片 4"的舞台窗口。将云盘中的"Ch05 > 素材 > 制作万圣节照片 > 05"文件导入舞台窗口，效果如图 5-31 所示。新

建按钮元件"大照片 5"，舞台窗口也随之转换为按钮元件"大照片 5"的舞台窗口。将云盘中的"Ch05 >
素材 > 制作万圣节照片 > 06"文件导入舞台窗口中，效果如图 5-32 所示。按住 Ctrl 键，在"库"
面板中选中"照片"文件夹以外的所有位图图片，并将其拖曳到"照片"文件夹中，如图 5-33
所示。

图 5-31   图 5-32   图 5-33

4. 在场景中确定大照片的位置

步骤❶ 单击舞台窗口左上方的"场景 1"图标 ，进入"场景 1"的舞
台窗口。在"时间轴"面板中创建新图层并命名为"大照片 1"。分别选中"大
照片 1"图层的第 2 帧、第 16 帧，按 F6 键，插入关键帧，如图 5-34 所示。
选中第 2 帧，将"库"面板中的按钮元件"大照片 1"拖曳到舞台窗口中。选
中实例"大照片 1"，在"变形"面板中将"缩放宽度"和"缩放高度"均设为
26%，"旋转"设为-10，如图 5-35 所示。

微课：制作
万圣节照片 4

图 5-34   图 5-35

步骤❷ 将实例缩小并旋转，在实例"大照片 1"的"属性"面板中，将 X 设为 18，Y 设为 360，
将实例放置在背景图的左下方，效果如图 5-36 所示。分别选中"大照片 1"图层的第 8 帧、第 15 帧，
按 F6 键，插入关键帧。

步骤❸ 选中第 8 帧，选中舞台窗口中的"大照片 1"实例，在"变形"面板中将"缩放宽度"
和"缩放高度"均设为 100，将"旋转"设为 0，将实例放置在舞台窗口的上方，效果如图 5-37 所
示。选中第 9 帧，按 F6 键，插入关键帧。分别用鼠标右键单击第 2 帧、第 9 帧，在弹出的快捷菜单
中选择"创建传统补间"命令，生成传统补间动画，如图 5-38 所示。

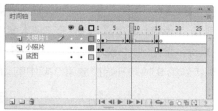

| 图 5-36 | 图 5-37 | 图 5-38 |

步骤 ④ 选中"大照片 1"图层的第 8 帧，选择"窗口 > 动作"命令，或按 F9 键，在弹出的"动作"面板中单击"将新项目添加到脚本中"按钮 ，在弹出的菜单中选择"全局函数 > 时间轴控制 > stop"命令，如图 5-39 所示，在"脚本窗口"中显示选择的脚本语言，如图 5-40 所示。设置好动作脚本后，在"大照片 1"图层的第 8 帧上显示标记"a"。

| 图 5-39 | 图 5-40 |

步骤 ⑤ 选中舞台窗口中的"大照片 1"实例元件，在"动作"面板中单击"将新项目添加到脚本中"按钮 ，在弹出的菜单中选择"全局函数 > 影片剪辑控制 > on"命令，如图 5-41 所示，在"脚本窗口"中显示选择的脚本语言，在下拉列表中选择 press 命令，如图 5-42 所示。

| 图 5-41 | 图 5-42 |

步骤 ⑥ 脚本语言如图 5-43 所示。将鼠标光标放置在第 1 行脚本语言的最后，按 Enter 键，光标显示到第 2 行，如图 5-44 所示。

步骤 ⑦ 单击"将新项目添加到脚本中"按钮 <img>，在弹出的菜单中选择"全局函数 > 时间轴控制 > gotoAndPlay"命令，在"脚本窗口"中显示选择的脚本语言，在第 2 行脚本语言"gotoAndPlay（ ）"后面的括号中输入数字 9，如图 5-45 所示。（脚本语言表示：当用鼠标单击"大照片 1"实例时，跳转到第 9 帧并开始播放第 9 帧中的动画。）

图 5-43　　　　　　　　图 5-44　　　　　　　　图 5-45

步骤 ⑧ 在"时间轴"面板中创建新图层并命名为"大照片 2"。分别选中"大照片 2"图层的第 16 帧、第 31 帧，按 F6 键，插入关键帧，如图 5-46 所示。选中第 16 帧，将"库"面板中的按钮元件"大照片 2"拖曳到舞台窗口中。

步骤 ⑨ 选中实例"大照片 2"，在"变形"面板中将"缩放宽度"设为 26，"缩放高度"也随之转换为 26，"旋转"设为 3.2，将实例缩小并旋转，在实例大照片 2 的"属性"面板中，将 X 设为 108，Y 设为 370。将实例放置在背景图的左下方，效果如图 5-47 所示。分别选中"大照片 2"图层的第 22 帧、第 30 帧，按 F6 键，插入关键帧，如图 5-48 所示。

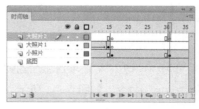

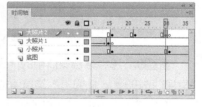

图 5-46　　　　　　　　图 5-47　　　　　　　　图 5-48

步骤 ⑩ 选中第 22 帧，选中舞台窗口中的"大照片 2"实例，在"变形"面板中将"缩放宽度"和"缩放高度"均设为 100，"旋转"设为 0，实例扩大，将实例放置在舞台窗口的上方，效果如图 5-49 所示。选中第 23 帧，按 F6 键，插入关键帧。分别用鼠标右键单击第 16 帧、第 22 帧，在弹出的快捷菜单中选择"创建传统补间"命令，生成传统补间动画。

步骤 ⑪ 选中"大照片 2"图层的第 22 帧，按照"步骤 4"的方法，在第 22 帧上添加动作脚本，该帧上显示标记"a"，如图 5-50 所示。选中舞台窗口中的"大照片 2"实例，按照"步骤 5 ～ 步骤 7"的方法，在"大照片 2"实例上添加动作脚本，并在脚本语言"gotoAndPlay（ ）"后面的括号中输入数字 23，如图 5-51 所示。

步骤 ⑫ 单击"时间轴"面板下方的"新建图层"按钮 <img>，创建新图层并命名为"大照片 3"。分别选中"大照片 3"图层的第 31 帧、第 47 帧，按 F6 键，插入关键帧，如图 5-52 所示。选中第 31

帧，将"库"面板中的按钮元件"大照片 3"拖曳到舞台窗口中。

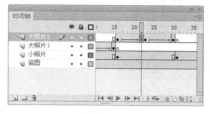

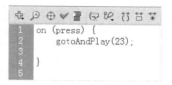

图 5-49　　　　　　图 5-50　　　　　　图 5-51

步骤 ⑬ 选中实例"大照片 3"，在"变形"面板中将"缩放宽度"设为 26，"缩放高度"也随之转换为 26，"旋转"设为-9.5，如图 5-53 所示，将实例缩小并旋转。在实例"大照片 3"的"属性"面板中，将 X 设为 194，Y 设为 363，将实例放置在背景图的中下方，效果如图 5-54 所示。分别选中"大照片 3"图层的第 38 帧、第 46 帧，按 F6 键，插入关键帧。

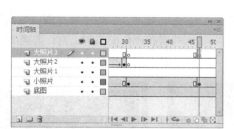

图 5-52　　　　　　图 5-53　　　　　　图 5-54

步骤 ⑭ 选中第 38 帧，选中舞台窗口中的"大照片 3"实例，在"变形"面板中将"缩放宽度"和"缩放高度"均设为 100，"旋转"设为 0，如图 5-55 所示，实例扩大，将实例放置在舞台窗口的上方，效果如图 5-56 所示。

图 5-55　　　　　　图 5-56

步骤 ⑮ 选中第 39 帧，插入关键帧。用鼠标右键分别单击第 31 帧、第 39 帧，在弹出的快捷菜单中选择"创建传统补间"命令，生成传统补间动画，如图 5-57 所示。选中"大照片 3"图层的第 38 帧，按照"步骤 4"的方法，在第 38 帧上添加动作脚本，该帧上显示标记"a"。选中舞台窗口中的"大照片 3"实例，按照"步骤 5～步骤 7"的方法，在"大照片 3"实例上添加动作脚本，并在脚本语言"gotoAndPlay（）"后面的括号中输入数字 39，如图 5-58 所示。

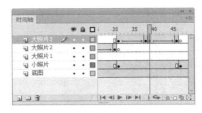

图 5-57　　　　　　　　　　　　　　　　　　　　　图 5-58

步骤 ⑯ 在"时间轴"面板中创建新图层并命名为"大照片 4"。分别选中"大照片 4"图层的第 47 帧、第 63 帧，按 F6 键，插入关键帧，如图 5-59 所示。选中第 47 帧，将"库"面板中的按钮元件"大照片 4"拖曳到舞台窗口中。

步骤 ⑰ 选中实例"大照片 4"，在"变形"面板中将"缩放宽度"设为 26，"缩放高度"也随之转换为 26，将"旋转"设为 6。将实例缩小并旋转，在实例大照片 4 的"属性"面板中，将 X 设为 296，Y 设为 365，将实例放置在背景图的右下方，如图 5-60 所示。分别选中"大照片 4"图层的第 54 帧、第 62 帧，按 F6 键，插入关键帧。

步骤 ⑱ 选中第 54 帧，选中舞台窗口中的"大照片 4"实例，在"变形"面板中将"缩放宽度"和"缩放高度"分别设为 100，"旋转"设为 0，实例扩大，将实例放置在舞台窗口的上方，效果如图 5-61 所示。选中第 55 帧，插入关键帧。

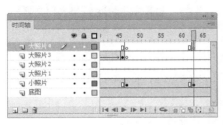

图 5-59　　　　　　　　　　　　　图 5-60　　　　　　　　　　　　　图 5-61

步骤 ⑲ 用鼠标右键分别单击第 47 帧和第 55 帧，在弹出的快捷菜单中选择"创建传统补间"命令，生成传统补间动画，如图 5-62 所示。选中"大照片 4"图层的第 54 帧，按照步骤 4 的方法，在第 54 帧上添加动作脚本，该帧上显示标记"a"。选中舞台窗口中的"大照片 4"实例，按照"步骤 5"～"步骤 7"的方法，在"大照片 4"实例上添加动作脚本，并在脚本语言"gotoAndPlay（）"后面的括号中输入数字 55，如图 5-63 所示。

步骤 ⑳ 在"时间轴"面板中创建新图层并命名为"大照片 5"。选中"大照片 5"图层的第 63 帧，按 F6 键，插入关键帧，如图 5-64 所示。将"库"面板中的按钮元件"大照片 5"拖曳到舞台窗口中。

步骤 ㉑ 选中实例"大照片 5"，在"变形"面板中将"缩放宽度"设为 26，"缩放高度"也随之转换为 26，"旋转"设为-5.5，如图 5-65 所示。将实例缩小并旋转，在实例"大照片 5"的"属性"

面板中，将 X 设为 356，Y 设为 342，将实例置置在背景图的右下方，效果如图 5-66 所示。分别选中"大照片 5"图层的第 70 帧、第 78 帧，按 F6 键，插入关键帧。

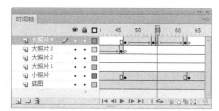

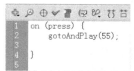

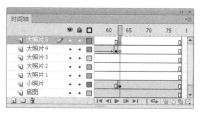

图 5-62   图 5-63   图 5-64

图 5-65   图 5-66

步骤 ㉒ 选中第 70 帧，选中舞台窗口中的"大照片 5"实例，在"变形"面板中将"缩放宽度"和"缩放高度"均设为 100，"旋转"设为 0，实例扩大，将实例放置在舞台窗口的上方，效果如图 5-67 所示。选中第 71 帧，按 F6 键，插入关键帧。

步骤 ㉓ 用鼠标右键分别单击第 63 帧、第 70 帧，在弹出的快捷菜单中选择"创建传统补间"命令，生成传统补间动画，如图 5-68 所示。选中"大照片 5"图层的第 70 帧，按照"步骤 4"的方法，在第 70 帧上添加动作脚本，该帧上显示标记"a"。选中舞台窗口中的"大照片 5"实例，按照"步骤 5～步骤 7"的方法，在"大照片 5"实例上添加动作脚本，并在脚本语言"gotoAndPlay（）"后面的括号中输入数字 71，如图 5-69 所示。

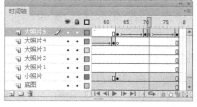

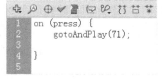

图 5-67   图 5-68   图 5-69

步骤 ㉔ 在"时间轴"面板中创建新图层并命名为"动作脚本 1"。选中"动作脚本 1"图层的第 2 帧，按 F6 键，插入关键帧，如图 5-70 所示。选中第 1 帧，在"动作"面板中单击"将新项目添加到脚本中"按钮，在弹出的菜单中选择"全局函数 > 时间轴控制 > stop"命令，在"脚本窗口"

中显示选择的脚本语言，如图 5-71 所示。设置好动作脚本后，在图层"动作脚本 1"的第 1 帧上显示一个标记"a"。

图 5-70

图 5-71

5. 添加动作脚本

步骤① 在"时间轴"面板中创建新图层并命名为"动作脚本 2"。选中"动作脚本 2"图层的第 15 帧，按 F6 键，插入关键帧。在"动作"面板中单击"将新项目添加到脚本中"按钮，在弹出的菜单中选择"全局函数 > 时间轴控制 > gotoAndStop"命令，如图 5-72 所示。在"脚本窗口"中显示选择的脚本语言，在脚本语言"gotoAndStop()"后面的括号中输入数字 1，如图 5-73 所示。（脚本语言表示：动画跳转到第 1 帧并停留在第 1 帧。）

微课：制作
万圣节照片 5

图 5-72

图 5-73

步骤② 用鼠标右键单击"动作脚本 2"图层的第 15 帧，在弹出的快捷菜单中选择"复制帧"命令。分别用鼠标右键单击"动作脚本 2"图层的第 30 帧、第 46 帧、第 62 帧、第 78 帧，在弹出的快捷菜单中选择"粘贴帧"命令，效果如图 5-74 所示。

步骤③ 选中"小照片"图层的第 1 帧，在舞台窗口中选中实例"小照片 1"，在"动作"面板中单击"将新项目添加到脚本中"按钮，在弹出的菜单中选择"全局函数 > 影片剪辑控制 > on"命令，在"脚本窗口"中显示选择的脚本语言，在下拉列表中选择"press"命令，如图 5-75 所示。将鼠标光标放置在第 1 行脚本语言的最后，按 Enter 键，光标显示到第 2 行。

步骤④ 单击"将新项目添加到脚本中"按钮，在弹出的菜单中选择"全局函数 > 时间轴控制 > gotoAndPlay"命令，如图 5-76 所示，在"脚本窗口"中显示选择的脚本语言，在第 2 行脚本语言"gotoAndPlay()"后面的括号中输入数字 2，如图 5-77 所示。（脚本语言表示：当用鼠标单击"小照片1"实例时,跳转到第2帧并开始播放第2帧中的动画。)

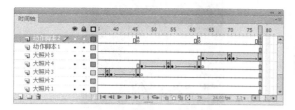

图 5-74

图 5-75

图 5-76

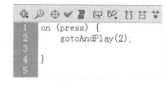

图 5-77

步骤⑤ 选中"脚本窗口"中的脚本语言,复制脚本语言。选中舞台窗口中的实例"小照片2",在"动作"面板的"脚本窗口"中单击,出现闪动的光标,将复制过的脚本语言粘贴到"脚本窗口"中。在第2行脚本语言"gotoAndPlay()"后面的括号中重新输入数字16,如图5-78所示。

步骤⑥ 选中舞台窗口中的实例"小照片3",在"动作"面板的"脚本窗口"中单击,出现闪动的光标,按Ctrl+V组合键,将步骤5中复制过的脚本语言粘贴到"脚本窗口"中。在第2行脚本语言"gotoAndPlay()"后面的括号中重新输入数字31,如图5-79所示。

步骤⑦ 选中舞台窗口中的实例"小照片4",在"动作"面板的"脚本窗口"中单击,出现闪动的光标,按Ctrl+V组合键,将步骤5中复制过的脚本语言粘贴到"脚本窗口"中。在第2行脚本语言"gotoAndPlay()"后面的括号中重新输入数字47,如图5-80所示。

图 5-78　　　　　　　　　图 5-79　　　　　　　　　图 5-80

步骤⑧ 选中舞台窗口中的实例"小照片5",在"动作"面板的"脚本窗口"中单击,出现闪动的光标,按Ctrl+V组合键,将步骤5中复制过的脚本语言粘贴到"脚本窗口"中。在第2行脚本语言"gotoAndPlay()"后面的括号中重新输入数字63,如图5-81所示。万圣节照片效果制作完成,按Ctrl+Enter组合键查看效果,如图5-82所示。

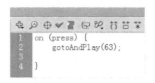

图 5-81　　　　　　　　　　　　　　　　　　图 5-82

5.1.4　【相关工具】

1. "动作"面板

在"动作"面板中既可以选择 ActionScript 3.0 的脚本语言，也可以应用 ActionScript 1.0&2.0 的脚本语言。选择"窗口 > 动作"命令，弹出"动作"面板，"动作"面板的左上方为"动作工具箱"，左下方为"对象窗口"，右上方为功能按钮，右下方为"脚本窗口"，如图 5-83 所示。

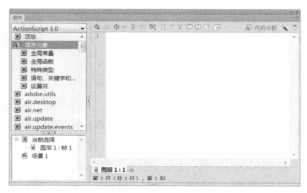

图 5-83

"动作工具箱"显示了语句、函数、操作符等各种类别的文件夹。单击文件夹可显示动作语句，双击动作语句可以将其添加到"脚本窗口"中，如图 5-84 所示。也可单击面板右上方的"将新项目添加到脚本中"按钮，在弹出的下拉菜单中选择动作语句添加到"脚本窗口"中。还可以在"脚本窗口"中直接编写动作语句，如图 5-85 所示。

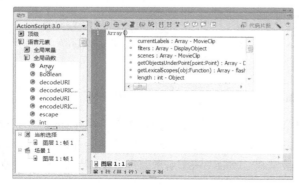

图 5-84　　　　　　　　　　　　　　　　　　图 5-85

面板右上方有多个功能按钮，分别为"将新项目添加到脚本中"按钮🔧、"查找"按钮🔍、"插入目标路径"按钮⊕、"语法检查"按钮✔、"自动套用格式"按钮☰、"显示代码提示"按钮🖳、"调试选项"按钮🗱、"折叠成对大括号"按钮⁅⁆、"折叠所选"按钮🗄、"展开全部"按钮🗱、"应用块注释"按钮🖸、"应用行注释"按钮🖸、"删除注释"按钮🗗和"显示/隐藏工具箱"按钮⊞，如图 5-86 所示。

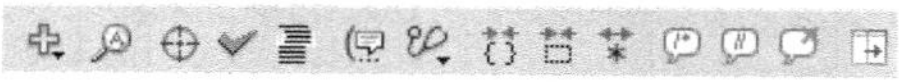

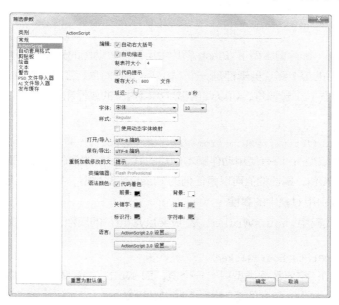

图 5-86

如果当前选择的是帧，那么在"动作"面板中设置的是该帧的动作语句；如果当前选择的是一个对象，那么在"动作"面板中设置的是该对象的动作语句。

可以在"首选参数"对话框中设置"动作"面板的默认编辑模式。选择"编辑 > 首选参数"命令，弹出"首选参数"对话框，在"类别"列表中选择"ActionScript"选项，如图 5-87 所示。

图 5-87

在"语法颜色"选项组中，不同的颜色用于表示不同的动作脚本语句，这样可以减少脚本中的语法错误。

2. 数据类型

数据类型描述了动作脚本的变量或元素可以包含信息的种类。动作脚本有两种数据类型，分别为原始数据类型和引用数据类型。原始数据类型是指 String（字符串）、Number（数字型）和 Boolean（布尔型），它们拥有固定类型的值，因此可以包含它们所代表元素的实际值。引用数据类型是指影片剪辑和对象，它们值的类型是不固定的，因此它们包含对该元素实际值的引用。

下面介绍各种数据类型。

（1）String（字符串）：字符串是诸如字母、数字、标点符号等字符的序列，字符串必须用一对双引号引起来，字符串被当作字符而不是变量进行处理。

例如，在下面的语句中，"L7" 是一个字符串。

favoriteBand = "L7";

（2）Number（数字型）：数字的算术值，要进行正确数学运算的值必须是数字类。可以使用算术运算符加（＋）、减（－）、乘（*）、除（/）、求模（%）、递增（＋|＋）和递减（－|－）来处理数字，也可使用内置的 Math 对象的方法处理数字。

例如，使用 sqrt( )（平方根）方法返回数字 100 的平方根。

Math.sqrt(100);

（3）Boolean（布尔型）：值为 true 或 false 的变量称为布尔型变量，动作脚本也会在需要时，将值 true 和 false 转换为 1 和 0。在确定"是/否"的情况下，布尔型变量是非常有用的。布尔型变量在进行比较以控制脚本流的动作脚本语句中，经常与逻辑运算符一起使用。

例如，在下面的脚本中，如果变量 password 为 true，则会播放该 SWF 文件。

```
onClipEvent (enterFrame) {
  if (userName == true && password == true){
    play();
  }
}
```

（4）Movie Clip（影片剪辑型）：Flash 影片中可以播放动画的元件，它们是唯一引用图形元素的数据类型。Flash 中的每个影片剪辑都是一个 Movie Clip 对象，它们拥有 Movie Clip 对象中定义的方法和属性。通过点（.）运算符，可以调用影片剪辑内部的属性和方法。

例如：

```
my_mc.startDrag(true);
parent_mc.getURL("http://www.macromedia.com/support/" + product);
```

（5）Object（对象型）：所有使用动作脚本创建的基于对象的代码。对象是属性的集合，每个属性都拥有自己的名称和值，属性的值可以是任何的 Flash 数据类型，甚至可以是对象数据类型。通过点（.）运算符，可以引用对象中的属性。

例如，在下面的代码中，hoursWorked 是 weeklyStats 的属性，而 weeklyStats 是 employee 的属性。

```
employee.weeklyStats.hoursWorked
```

（6）Null（空值）：空值数据类型只有一个值，即 Null，这意味着没有值，即缺少数据。Null 可以用在各种情况中，如作为函数的返回值，表明函数没有可以返回的值，表明变量还没有接收到值，以及表明变量不再包含值等。

（7）Undefined（未定义）：未定义的数据类型只有一个值，即 Undefined，用于尚未分配值的变量。如果一个函数引用了未在其他地方定义的变量，那么 Flash 将返回未定义数据类型。

3. 语法规则

动作脚本拥有自己的一套语法规则和标点符号，下面将介绍相关内容。

（1）点运算符。在动作脚本中，点（.）用于表示与对象或影片剪辑相关联的属性或方法，也可用于标识影片剪辑或变量的目标路径。点（.）运算符表达式以影片或对象的名称开始，中间为点（.）运算符，最后是要指定的元素。

例如，_x 影片剪辑属性指示影片剪辑在舞台上的 x 轴位置，表达式 ballMC._x 引用影片剪辑实例 ballMC 的 _x 属性。

再如，ubmit 是 form 影片剪辑中设置的变量，此影片剪辑嵌在影片剪辑 shoppingCart 中。

表达式 shoppingCart.form.submit = true 将实例 form 的 submit 变量设置为 true。

无论是表达对象的方法，还是影片剪辑的方法，均遵循同样的模式。例如，ball_mc 影片剪辑实例的 play() 方法在 ball_mc 的时间轴中移动播放头，可以用下面的语句表示。

```
ball_mc.play();
```

点语法还使用两个特殊别名，即_root 和_parent。别名_root 是指主时间轴，可以使用_root 别名创建一个绝对目标路径。例如，下面的语句调用主时间轴上影片剪辑 functions 中的函数 buildGameBoard()。

```
_root.functions.buildGameBoard();
```

可以使用别名_parent 引用当前对象嵌入的影片剪辑，也可使用_parent 创建相对目标路径。例如，如果影片剪辑 dog_mc 嵌入影片剪辑 animal_mc 的内部，则实例 dog_mc 的如下语句会指示 animal_mc 停止。

```
_parent.stop();
```

（2）界定符。

大括号：动作脚本中的语句可被大括号括起来组成语句块。例如，

```
// 事件处理函数
on (release) {
  myDate = new Date();
  currentMonth = myDate.getMonth();
}

on(release)
{
  myDate = new Date();
  currentMonth = myDate.getMonth();
}
```

分号：动作脚本中的语句可以由一个分号结尾。如果在结尾处省略分号，Flash 仍然可以成功编译脚本。例如：

```
var column = passedDate.getDay();
var row = 0;
```

圆括号：在定义函数时，任何参数定义都必须放在一对圆括号内。例如：

```
function myFunction (name, age, reader){
}
```

调用函数时，需要被传递的参数也必须放在一对圆括号内。例如：

```
myFunction ("Steve", 10, true);
```

可以使用圆括号改变动作脚本的优先顺序或增强程序的可读性。

（3）区分大小写。在区分大小写的编程语言中，仅大小写不同的变量名（如 book 和 Book）被视为互不相同。ActionScript 2.0 中的标识符区分大小写。例如，下面两条动作语句是不同的。

```
cat.hilite = true;
CAT.hilite = true;
```

对于关键字、类名、变量、方法名等要严格区分大小写。如果关键字大小写出现错误，在编写程序时就会有错误信息提示。如果采用了彩色语法模式，那么正确的关键字将以深蓝色显示。

（4）注释。在"动作"面板中，使用注释语句可以在一帧或者按钮的脚本中添加说明，有利于增加程序的可读性。注释语句以双斜线（//）开始，斜线显示为灰色，注释内容可以不考虑长度和语法，注释语句不会影响 Flash 动画输出时的文件量。例如：

```
on (release) {
  // 创建新的 Date 对象
  myDate = new Date();
  currentMonth = myDate.getMonth();
  // 将月份数转换为月份名称
```

```
monthName = calcMonth(currentMonth);
year = myDate.getFullYear();
currentDate = myDate.getDate();
}
```

（5）关键字。动作脚本保留一些单词用于该语言总的特定用途，因此不能将它们用作变量、函数或标签的名称。如果在编写程序的过程中使用了关键字，动作编辑框中的关键字会以蓝色显示。为了避免冲突，在命名时可以展开动作工具箱中的 Index 域，检查是否使用了已定义的名字。

（6）常量。常量中的值永远不会改变，所有的常量都可以在"动作"面板的工具箱和动作脚本字典中找到。

例如，常数 BACKSPACE、ENTER、QUOTE、RETURN、SPACE 和 TAB 是 Key 对象的属性，指代键盘的按键。要测试是否按了 Enter 键，可以使用下面的语句。

```
if(Key.getCode() == Key.ENTER) {
  alert = "Are you ready to play?";
  controlMC.gotoAndStop(5);
}
```

4. 变量

变量是包含信息的容器，容器本身不会改变，但内容可以更改。第一次定义变量时，最好为变量定义一个已知值，这就是初始化变量，通常在 SWF 文件的第 1 帧中完成。每一个影片剪辑对象都有自己的变量，而且不同影片剪辑对象中的变量相互独立而互不影响。

变量可以存储的常见信息类型包括 URL、用户名、数字运算的结果和事件发生的次数等。

为变量命名必须遵循以下规则。

（1）变量名在其作用范围内必须是唯一的。

（2）变量名不能是关键字或布尔值（true 或 false）。

（3）变量名必须以字母或下画线开始，由字母、数字和下画线组成，其间不能包含空格，且变量名没有大小写的区别。

变量的范围是指变量在其中已知并且可以引用的区域，它包含以下 3 种类型。

（1）本地变量。在声明它们的函数体（由大括号决定）内可用。本地变量的使用范围只限于它的代码块，会在该代码块结束时到期，其余的本地变量会在脚本结束时到期。若要声明本地变量，可以在函数体内部使用 var 语句。

（2）时间轴变量。可用于时间轴上的任意脚本。要声明时间轴变量，应在时间轴的所有帧上都初始化这些变量。应先初始化变量，然后尝试在脚本中访问它。

（3）全局变量。对于文档中的每个时间轴和范围均可见。如果要创建全局变量，可以在变量名称前使用_global 标识符，不使用 var 语法。

5. 函数

函数是用来对常量、变量等进行某种运算的方法，如产生随机数、进行数值运算、获取对象属性等。函数是一个动作脚本代码块，它可以在影片中的任何位置上重新使用。如果将值作为参数传递给函数，则函数将对这些值进行操作。函数也可以返回值。

调用函数可以用一行代码来代替一个可执行的代码块。函数可以执行多个动作，并为它们传递可选项。函数必须有唯一的名称，以便在代码行中知道访问的是哪一个函数。

Flash CS6 具有内置的函数，可以访问特定的信息或执行特定的任务。例如，获得 Flash 播放器的版本号。属于对象的函数叫作方法，不属于对象的函数叫作顶级函数，可以在"动作"面板的"函数"类别中找到。

每个函数都具备自己的特性，而且某些函数需要传递特定的值。如果传递的参数多于函数的需要，多余的值将被忽略；如果传递的参数少于函数的需要，空的参数会被指定为 Undefined 数据类型，这在导出脚本时可能会出现错误。如果要调用函数，该函数必须在播放头到达的帧中。

动作脚本提供了自定义函数的方法，用户可以自定义参数，并返回结果。当在主时间轴上或影片剪辑时间轴的关键帧中添加函数时，就是在定义函数。所有函数都有目标路径。所有函数都需要在名称后跟一对括号，但括号中是否有参数是可选的。一旦定义了函数，就可以从任何一个时间轴中调用它，包括加载的 SWF 文件的时间轴。

6. 表达式和运算符

表达式是由常量、变量、函数和运算符按照运算法则组成的计算式。运算符是可以提供对数值、字符串、逻辑值进行运算的关系符号。运算符有很多种，包括数值运算符、字符串运算符、比较运算符、逻辑运算符、位运算符、赋值运算符等。

（1）算术运算符及表达式。算术表达式是数值进行运算的表达式，它由数值、以数值为结果的函数和算术运算符组成，运算结果是数值或逻辑值。

在 Flash CS6 中，可以使用的算术运算符如下。

+ 、 − 、 * 、/：执行加、减、乘、除运算。

= 、<>：比较两个数值是否相等、不相等。

< 、<= 、>、>=：比较运算符前面的数值是否小于、小于等于、大于、大于等于后面的数值。

（2）字符串表达式。字符串表达式是对字符串进行运算的表达式，它由字符串、以字符串为结果的函数和字符串运算符组成，运算结果是字符串或逻辑值。

在 Flash CS6 中，可以参与字符串表达式的运算符如下。

&：连接运算符两边的字符串。

Eq 、Ne：判断运算符两边的字符串是否相等或不相等。

Lt 、Le 、Qt、Qe：判断运算符左边字符串的 ASCII 是否小于、小于等于、大于、大于等于右边字符串的 ASCII。

（3）逻辑表达式。逻辑表达式是对正确、错误结果进行判断的表达式，它由逻辑值、以逻辑值为结果的函数、以逻辑值为结果的算术或字符串表达式和逻辑运算符组成，运算结果是逻辑值。

（4）位运算符。位运算符用于处理浮点数。运算时，先将操作数转换为 32 位的二进制数，然后对每个操作数分别按位进行运算，运算后，再将二进制的结果按照 Flash 的数值类型返回运算结果。

动作脚本的位运算符包括&（位与）、/（位或）、^（位异或）、~（位非）、<<（左移位）、>>（右移位）、>>>（填 0 右移位）等。

（5）赋值运算符。赋值运算符的作用是为变量、数组元素或对象的属性赋值。

5.1.5 【实战演练】制作旅游风景相册

使用"导入"命令，导入素材制作图形元件和按钮元件；使用"创建传统补间"命令，制作补间动画；使用"动作"面板，设置脚本语言。最终效果参看云盘中的"Ch05 > 效果 > 制作旅游风景相册"，如图 5-88 所示。

微课：制作旅游
风景相册

图 5-88

5.2 制作珍馐美味相册

5.2.1 【案例分析】

电子相册是可以在计算机上观赏的静止图片的特殊文档，其内容不局限于摄影照片，也可以包括各种艺术创作图片。电子相册具有传统相册无法比拟的优越性，本案例的相册要求体现出美食的特点和诱人的感觉。

5.2.2 【设计理念】

在设计制作过程中，要挑选最有代表性的美食照片，根据照片的场景和颜色来设计搭配的顺序，将最有食欲的照片放在前面，通过动画来表现照片在浏览时的视觉效果。最终效果参看云盘中的"Ch05 > 效果 > 制作珍馐美味相册"，如图 5-89 所示。

图 5-89

5.2.3 【操作步骤】

1. 导入素材制作元件

步骤① 选择"文件 > 新建"命令，弹出"新建文档"对话框，在"常规"选项卡中选择"ActionScript 3.0"选项，将"宽"设为 800，"高"设为 600，"背景颜色"设为黄色（#FFCC00），单击"确定"按钮，完成文档的创建。

微课：制作珍馐
美味相册 1

步骤② 选择"文件 > 导入 > 导入到库"命令，在弹出的"导入到库"对话框中，选择云盘中的"Ch05 > 素材 > 制作珍馐美味相册 > 01 ～ 07"文件，单击"打开"按钮，文件被导入"库"面板，如图 5-90 所示。

步骤③ 按 Ctrl+F8 组合键，弹出"创建新元件"对话框，在"名称"文本框中输入"照片"，在"类型"下拉列表中选择"图形"，如图 5-91 所示，单击"确定"按钮，新建图形元件"照片"，如图 5-92 所示，舞台窗口也随之转换为图形元件的舞台窗口。

图 5-90　　　　　　　　　　　图 5-91　　　　　　　　　　　图 5-92

步骤④ 分别将"库"面板中的位图"02～07"拖曳到舞台窗口中，调出位图"属性"面板，将所有照片的 Y 值设为 0，X 保持不变，效果如图 5-93 所示。

图 5-93

步骤⑤ 选中所有实例，选择"修改 > 对齐 > 按宽度均匀分布"命令，效果如图 5-94 所示。按 Ctrl+G 组合键，将其组合。调出组"属性"面板，将 X 设为 0，Y 设为 0，效果如图 5-95 所示。

图 5-94

图 5-95

步骤⑥ 保持对象的选取状态，按 Ctrl+C 组合键，复制图形。按 Ctrl+Shift+V 组合键，将其原位粘贴在当前位置，调出组"属性"面板，将 X 设为 680，Y 保持不变，效果如图 5-96 所示。

图 5-96

步骤 ⑦ 按 Ctrl+F8 组合键，弹出"创建新元件"对话框，在"名称"文本框中输入"图形"，在"类型"下拉列表中选择"图形"选项，如图 5-97 所示，单击"确定"按钮，新建图形元件"图片"，如图 5-98 所示。舞台窗口也随之转换为图形元件的舞台窗口。

步骤 ⑧ 选择"矩形"工具，在矩形工具"属性"面板中，将"笔触颜色"设为白色，"填充颜色"设为无，"笔触"设为 3，其他选项的设置如图 5-99 所示。

图 5-97 　　　　　　　　　图 5-98 　　　　　　　　　图 5-99

步骤 ⑨ 在舞台窗口中绘制矩形，效果如图 5-100 所示。选择"选择"工具，双击矩形笔触将其选中，选择"窗口 > 颜色"命令，弹出"颜色"面板，选择"笔触颜色"选项，在"颜色类型"下拉列表中选择"线性渐变"，在色带上将左边的颜色控制点设为白色，在"Alpha"选项区中将其不透明度设为 52%，将右边的颜色控制点设为白色，生成渐变色，如图 5-101 所示，效果如图 5-102 所示。

图 5-100 　　　　　　　　　图 5-101 　　　　　　　　　图 5-102

步骤 ⑩ 选择"渐变变形"工具，在舞台窗口中单击渐变色，出现控制点和控制线，分别拖曳控制点改变渐变色的角度和大小，效果如图 5-103 所示。取消渐变选取状态，效果如图 5-104 所示。使用相同的方法再制作渐变图形，效果如图 5-105 所示。

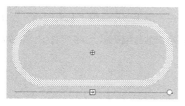

图 5-103　　　　　　　　　图 5-104　　　　　　　　　图 5-105

步骤 ⑪ 按 Ctrl+F8 组合键，弹出"创建新元件"对话框，在"名称"文本框中输入"播放"，在"类型"下拉列表中选择"按钮"选项，单击"确定"按钮，新建按钮元件"播放"，如图 5-106 所示。舞台窗口也随之转换为按钮元件的舞台窗口。

步骤 ⑫ 将"库"面板中的图形元件"图形"拖曳到舞台窗口中的适当位置，效果如图 5-107 所示。选中"指针经过"帧，按 F5 键，插入普通帧。

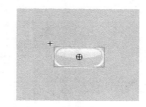

图 5-106　　　　　　　　　图 5-107

步骤 ⑬ 单击"时间轴"面板下方的"新建图层"按钮，创建新图层"图层 2"。选择"多角星形"工具，在多角星形工具"属性"面板中单击"工具设置"选项下的"选项"按钮，弹出"工具设置"对话框，将"边数"设为 3，如图 5-108 所示。单击"确定"按钮，在多角星形工具"属性"面板中，将"笔触颜色"设为无，"填充颜色"设为白色，其他选项的设置如图 5-109 所示，在舞台窗口绘制一个三角形，效果如图 5-110 所示。

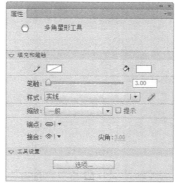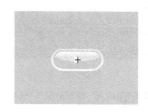

图 5-108　　　　　　　　　图 5-109　　　　　　　　　图 5-110

步骤⑭ 选中"指针经过"帧，按 F6 键，插入关键帧，如图 5-111 所示，在工具箱中将"填充颜色"设为红色（#FF0000），效果如图 5-112 所示。用相同的方法制作按钮元件"停止"，效果如图 5-113 所示。

 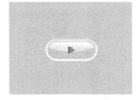 

图 5-111　　　　　　　　　图 5-112　　　　　　　　　图 5-113

2. 制作场景动画

步骤① 单击舞台窗口左上方的"场景 1"图标 ，进入"场景 1"的舞台窗口。将"图层 1"重命名为"底图"。将"库"面板中的位图"01"拖曳到舞台窗口中，如图 5-114 所示。选中"底图"图层的第 100 帧，按 F5 键，插入普通帧，如图 5-115 所示。

微课：制作珍馐
美味相册 2

 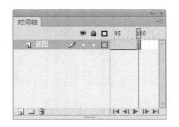

图 5-114　　　　　　　　　　　　　　图 5-115

步骤② 在"时间轴"面板中创建新图层并命名为"按钮"。分别将"库"面板中的按钮元件"播放""停止"拖曳到舞台窗口中，并放置在适当的位置，如图 5-116 所示。选择"选择"工具 ，在舞台窗口中选中"播放"实例，在按钮"属性"面板的"实例名称"文本框中输入"start_Btn"，如图 5-117 所示。用相同的方法为"停止"按钮命名，如图 5-118 所示。

图 5-116　　　　　　　　　图 5-117　　　　　　　　　图 5-118

步骤③ 在"时间轴"面板中创建新图层并命名为"透明"。选择"矩形"工具 ▣，选择"窗口 > 颜色"命令，弹出"颜色"面板，将"笔触颜色"设为无，"填充颜色"设为白色，"Alpha"设为 50%，如图 5-119 所示,在舞台窗口中绘制多个矩形,效果如图 5-120 所示。

图 5-119

图 5-120

步骤 ④ 在"时间轴"面板中创建新图层并命名为"图片"。选中"图片"图层的第 2 帧,按 F6 键,插入关键帧。将"库"面板中的图形元件"照片"拖曳到舞台窗口中,如图 5-121 所示。

步骤 ⑤ 选中"照片"图层的第 100 帧,按 F6 键,插入关键帧。在舞台窗口中将"照片"实例水平向左拖曳到适当的位置,如图 5-122 所示。

步骤 ⑥ 用鼠标右键单击"照片"图层的第 2 帧,在弹出的快捷菜单中选择"创建传统补间"命令,生成传统补间动画。

图 5-121

图 5-122

步骤 ⑦ 在"时间轴"面板中创建新图层并命名为"遮罩"。选中"遮罩"图层的第 2 帧,按 F6 键,插入关键帧。选中"透明"图层的第 1 帧,按 Ctrl+C 组合键,将其复制。选中"遮罩"图层的第 2 帧,按 Ctrl+Shift+V 组合键,将其原位粘贴到"遮罩"图层中。

步骤 ⑧ 用鼠标右键单击"遮罩"图层,在弹出的快捷菜单中选择"遮罩层"命令,将"遮罩"图层设为遮罩的层,"照片"图层设为被遮罩的层,"时间轴"面板如图 5-123 所示,舞台窗口中的效果如图 5-124 所示。

图 5-123

图 5-124

步骤 ⑨ 选中"照片"图层的第 100 帧，选择"窗口 > 动作"命令，在弹出的"动作"面板中设置脚本语言，"脚本窗口"中的显示效果如图 5-125 所示。

步骤 ⑩ 在"时间轴"面板中创建新图层并命名为"装饰"。选择"矩形"工具，在工具箱中将"笔触颜色"设为无，"填充颜色"设为橘黄色（#D99E44），在舞台窗口中绘制一个矩形，效果如图 5-126 所示。在工具箱中将"填充颜色"设为白色，在舞台窗口中绘制多个矩形，效果如图 5-127 所示。

图 5-125

图 5-126

图 5-127

步骤 ⑪ 在"时间轴"面板中创建新图层并命名为"动作脚本"。选中"动作脚本"图层的第 1 帧，选择"窗口 > 动作"命令，弹出"动作"面板，在"动作"面板中设置脚本语言，"脚本窗口"中的显示效果如图 5-128 所示。珍馐美味相册制作完成，按 Ctrl+Enter 组合键查看效果。

图 5-128

5.2.4 【相关工具】

1."对齐"面板

选择"窗口 > 对齐"命令，或按 Ctrl+K 组合键，弹出"对齐"面板，如图 5-129 所示。

图 5-129

◎ "对齐"选项组

"左对齐"按钮：设置选取对象左端对齐。

"水平中齐"按钮：设置选取对象沿垂直线中对齐。

"右对齐"按钮：设置选取对象右端对齐。

"顶对齐"按钮：设置选取对象上端对齐。

"垂直中齐"按钮：设置选取对象沿水平线中对齐。

"底对齐"按钮：设置选取对象下端对齐。

◎ "分布"选项组

"顶部分布"按钮 ：设置选取对象在横向上，上端间距相等。

"垂直居中分布"按钮 ：设置选取对象在横向上，中心间距相等。

"底部分布"按钮 ：设置选取对象在横向上，上、下端间距相等。

"左侧分布"按钮 ：设置选取对象在纵向上，左端间距相等。

"水平居中分布"按钮 ：设置选取对象在纵向上，中心间距相等。

"右侧分布"按钮 ：设置选取对象在纵向上，右端间距相等。

◎ "匹配大小"选项组

"匹配宽度"按钮 ：设置选取对象在水平方向上，等尺寸变形（以所选对象中宽度最大的为基准）。

"匹配高度"按钮 ：设置选取对象在垂直方向上，等尺寸变形（以所选对象中高度最大的为基准）。

"匹配宽和高"按钮 ：设置选取对象在水平方向和垂直方向同时进行等尺寸变形（同时以所选对象中宽度和高度最大的为基准）。

◎ "间隔"选项组

"垂直平均间隔"按钮 ：设置选取对象在纵向上间距相等。

"水平平均间隔"按钮 ：设置选取对象在横向上间距相等。

◎ "与舞台对齐"复选框

"与舞台对齐"复选框：勾选此复选框后，上述所有的设置操作都是以整个舞台的宽度或高度为基准的。

打开云盘中的"基础素材 > Ch05 > 01"文件，选中要对齐的图形，如图 5-130 所示。单击"顶对齐"按钮 ，图形上端对齐，如图 5-131 所示。

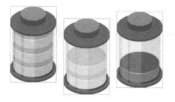 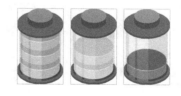

图 5-130   图 5-131

选中要分布的图形，如图 5-132 所示。单击"水平居中分布"按钮 ，图形在纵向上中心间距相等，如图 5-133 所示。

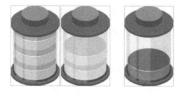 

图 5-132   图 5-133

选中要匹配大小的图形，如图 5-134 所示。单击"匹配高度"按钮 ，图形在垂直方向上等尺寸变形，如图 5-135 所示。

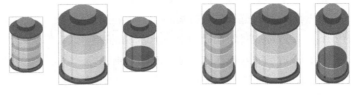

图 5-134   图 5-135

　　是否勾选"与舞台对齐"复选框，应用同一个命令产生的效果不同。选中图形，如图 5-136 所示。单击"左侧分布"按钮，效果如图 5-137 所示。勾选"与舞台对齐"复选框，单击"左侧分布"按钮，效果如图 5-138 所示。

图 5-136   图 5-137   图 5-138

2. 翻转对象

　　打开云盘中的"基础素材 > Ch05 > 02"文件，选中图形，如图 5-139 所示，选择"修改 > 变形"中的"垂直翻转""水平翻转"命令，可以将图形翻转，效果如图 5-140 和图 5-141 所示。

图 5-139   图 5-140   图 5-141

3. 遮罩层

◎ 创建遮罩层

　　要创建遮罩动画，首先要创建遮罩层。在"时间轴"面板中，用鼠标右键单击要转换为遮罩层的图层，在弹出的快捷菜单中选择"遮罩层"命令，如图 5-142 所示。选中的图层转换为遮罩层，其下方的图层自动转换为被遮罩层，并且它们都自动被锁定，如图 5-143 所示。

　　如果想解除遮罩，只需单击"时间轴"面板上的遮罩层或被遮罩层上的图标将其解锁。遮罩层中的对象可以是图形、文字、元件的实例等，但不显示位图、渐变色、透明色和线条。一个遮罩层可以作为多个图层的遮罩层，如果要将一个普通图层变为某个遮罩层的被遮罩层，只需将此图层拖曳至遮罩层下方即可。

图 5-142

图 5-143

◎ **将遮罩层转换为普通图层**

在"时间轴"面板中，用鼠标右键单击要转换的遮罩层，在弹出的菜单中选择"遮罩层"命令，如图 5-144 所示。遮罩层转换为普通图层，如图 5-145 所示。

图 5-144

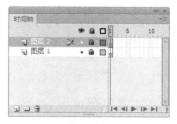

图 5-145

4. 动态遮罩动画

打开云盘中的"基础素材 > Ch05 > 03"文件，如图 5-146 所示。在"时间轴"面板下方单击"新建图层"按钮 ，创建新的图层并命名为"剪影"，如图 5-147 所示。

图 5-146

图 5-147

将"库"面板中的图形元件"剪影"拖曳到舞台窗口中的适当位置，如图 5-148 所示。选中"剪影"图层的第 10 帧，按 F6 键，插入关键帧。在舞台窗口中将"剪影"实例水平向左拖曳到适当的位置，如图 5-149 所示。用鼠标右键单击"剪影"图层的第 1 帧，在弹出的快捷菜单中选择"创建传统补间"命令，生成传统补间动画，如图 5-150 所示。

图 5-148　　　　　　　　　　图 5-149　　　　　　　　　　图 5-150

　　用鼠标右键单击"剪影"图层的名称，在弹出的快捷菜单中选择"遮罩层"命令，如图 5-151 所示，"剪影"图层转换为遮罩层，"矩形"图层转换为被遮罩层，如图 5-152 所示。动态遮罩动画制作完成，按 Ctrl+Enter 组合键测试动画效果。

图 5-151　　　　　　　　　　　图 5-152

　　在不同的帧中，动画显示的效果如图 5-153 所示。

（a）第 1 帧　　　　　　　　（b）第 3 帧　　　　　　　　（c）第 5 帧

（d）第 7 帧　　　　　　　　（e）第 10 帧

图 5-153

5. 播放和停止动画

控制动画播放和停止使用的动作脚本语言如下。

（1）on：事件处理函数，指定触发动作的鼠标事件或按键事件。

例如：
```
on (press) {
}
```
此处的"press"代表发生的事件，可以将"press"替换为任意一种对象事件。

（2）play：用于使动画从当前帧开始播放。

例如：
```
on (press) {
play();
}
```

（3）stop：用于停止当前正在播放的动画，并使播放头停留在当前帧。

例如：
```
on (press) {
stop();
}
```

（4）addEventListener()：用于添加事件的方法。

例如：
```
所要接收事件的对象.addEventListener(事件类型.事件名称,事件响应函数的名称);
{
//此处是为响应的事件所要执行的动作
```

步骤① 打开云盘中的"基础素材 > Ch05 > 04"文件。在"库"面板中新建一个图形元件"热气球"，如图 5-154 所示，舞台窗口也随之转换为图形元件的舞台窗口。将"库"面板中的位图"02"拖曳到舞台窗口中，效果如图 5-155 所示。

图 5-154   图 5-155

步骤② 单击舞台窗口左上方的"场景 1"图标，进入"场景 1"的舞台窗口。单击"时间轴"面板下方的"新建图层"按钮，创建新图层并命名为"热气球"，如图 5-156 所示。将"库"面板中的图形件"热气球"拖曳到舞台窗口中，效果如图 5-157 所示。选中"底图"图层的第 30 帧，按 F5 键插入普通帧，如图 5-158 所示。

图 5-156

图 5-157

图 5-158

步骤 ③ 选中"热气球"图层的第 30 帧，按 F6 键插入关键帧，如图 5-159 所示。选择"选择"工具 ，在舞台窗口中将热气球图形向上拖曳到适当的位置，如图 5-160 所示。

步骤 ④ 用鼠标右键单击"热气球"图层的第 1 帧，在弹出的快捷菜单中选择"创建传统补间"命令，创建动作补间动画，如图 5-161 所示。

图 5-159

图 5-160

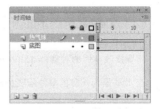

图 5-161

步骤 ⑤ 在"库"面板中新建一个"播放"按钮元件，使用"矩形"工具和"文本"工具绘制按钮图形，效果如图 5-162 所示。使用相同的方法再制作一个"停止"按钮元件，效果如图 5-163 所示。

步骤 ⑥ 单击舞台窗口左上方的"场景 1"图标 场景 1，进入"场景 1"的舞台窗口。单击"时间轴"面板下方的"新建图层"按钮 ，创建新图层并命名为"按钮"。将"库"面板中的按钮元件"播放"和"停止"拖曳到舞台窗口中，效果如图 5-164 所示。

图 5-162   图 5-163   图 5-164

步骤 ⑦ 选择"选择"工具 ，在舞台窗口中选中"播放"按钮实例，在"属性"面板中，将"实例名称"设为 start_Btn，如图 5-165 所示。用相同的方法将"停止"按钮实例的"实例名称"设为stop_Btn，如图 5-166 所示。

步骤 ⑧ 单击"时间轴"面板下方的"新建图层"按钮 ，创建新图层并命名为"动作脚本"。选择"窗口 > 动作"命令，在弹出的"动作"面板中设置脚本语言，"脚本窗口"中显示的效果如图 5-167 所示。设置完动作脚本后，关闭"动作"面板。在"动作脚本"图层的第 1 帧上显示一个

标记 "a"，如图 5-168 所示。

图 5-165

图 5-166

步骤 ⑨ 按 Ctrl+Enter 组合键查看动画效果。当单击停止按钮时，动画停止在正在播放的帧上，效果如图 5-169 所示。单击播放按钮后，动画将继续播放。

图 5-167

图 5-168

图 5-169

5.2.5 【实战演练】制作海边风景相册

使用"导入"命令，导入素材制作按钮元件；使用"创建传统补间"命令，制作传统补间动画；使用"动作"面板，添加动作脚本。最终效果参看云盘中的"Ch05 > 效果 > 制作海边风景相册"，如图 5-170 所示。

图 5-170

微课：制作海边
风景相册

5.3 综合演练——制作街舞影集

5.3.1 【案例分析】

电子相册具有传统相册无法比拟的优越性：图、文、声、像并茂的表现手法，随意修改编辑的功能，快速的检索方式，永不褪色的恒久保存特性，以及方便复制分发的优越手段。本例要求通过时尚动感的手法表现出城市之美。

5.3.2 【设计理念】

在设计制作过程中，画面背景采用街头涂鸦的形式表现，体现出年轻潮流的城市生活；照片切换和罗列增加了电子相册的趣味性；整个画面简洁有趣，直观、生动地表现出城市的时尚与动感。

5.3.3 【知识要点】

使用"插入帧"命令，延长动画的播放时间；使用"创建传统补间"命令，制作动画效果；使用"动作"面板，设置脚本语言来控制动画播放。最终效果参看云盘中的"Ch05 > 效果 > 制作街舞影集"，如图 5-171 所示。

微课：制作
街舞影集 1

微课：制作
街舞影集 2

图 5-171

5.4 综合演练——制作个人电子相册

5.4.1 【案例分析】

电子相册通过数字照片、素材、相册特效作为画面的表现形式，可以自动浏览、随意删除和修改，还可以快速检索，可复制性与可分享性是电子相册相比于传统相册最大的流行优势。本例要求通过亮丽清新的手法表现出照片中的人物之美。

5.4.2 【设计理念】

在设计制作过程中，画面背景采用亮丽的绿色，搭配小清新的素材，体现出年轻时尚的人物之美；照片切换和罗列增加了电子相册的趣味性；整个画面简洁有趣，直观、生动地表现出人物的亲和力和美感。

5.4.3 【知识要点】

使用"钢笔"工具，绘制按钮图形；使用"创建传统补间"命令，制作动画效果；使用"遮罩层"命令，制作挡板图形；使用"动作"面板，添加脚本语言。最终效果参看云盘中的"Ch05 > 效果 > 制作个人电子相册"，如图 5-172 所示。

图 5-172

微课：制作个人
电子相册 1

微课：制作个人
电子相册 2

06

第6章
节目片头与MV

Flash 动画在节目片头、影视剧片头以及 MV 制作上的应用越来越广泛。节目片头与 MV 体现了节目的风格和档次，它的质量将直接影响整个节目的效果。本章将介绍多个节目片头与 MV 的制作过程。读者通过本章的学习，要掌握节目包装的设计思路和制作技巧，从而制作出更多精彩的节目片头。

课堂学习目标

✔ 掌握节目片头与 MV 的设计思路
✔ 掌握节目片头与 MV 的应用技巧
✔ 掌握节目片头与 MV 的制作方法

6.1 制作卡通歌曲

6.1.1 【案例分析】

卡通歌曲 MV 是现在网络中非常流行的音乐形式。它可以根据歌曲的内容来设计制作生动有趣的 MV 节目，吸引儿童浏览和欣赏。这类 MV 在设计上要注意抓住儿童的心理和喜好。

6.1.2 【设计理念】

背景要设计得欢快活泼，因此运用了卡通梦幻的色彩和可爱的图形制作背景。通过卡通动物形象的动画，营造出歌曲欢快愉悦的氛围。最终效果参看云盘中的"Ch06 > 效果 > 制作卡通歌曲"，如图 6-1 所示。

图 6-1

6.1.3 【操作步骤】

1. 导入图片并制作图形元件

步骤 ① 选择"文件 > 新建"命令，弹出"新建文档"对话框，在"常规"选项卡中选择"ActionScript 2.0"选项，将"宽"设为 566，"高"设为 397，"背景颜色"设为浅蓝色（#EAF6FD），单击"确定"按钮，完成文档的创建。

步骤 ② 选择"文件 > 导入 > 导入到库"命令，在弹出的"导入到库"对话框中，选择云盘中的"Ch06 > 素材 > 制作卡通歌曲> 01 ～ 07"文件，单击"打开"按钮，文件被导入"库"面板，如图 6-2 所示。

微课：制作
卡通歌曲 1

步骤 ③ 按 Ctrl+F8 组合键，弹出"创建新元件"对话框，在"名称"文本框中输入"楼房"，在"类型"下拉列表中选择"图形"选项，单击"确定"按钮，新建图形元件"楼房"，如图 6-3 所示，舞台窗口也随之转换为图形元件的舞台窗口。将"库"面板中的位图"01"拖曳到舞台窗口中，效果如图 6-4 所示。

图 6-2

图 6-3

图 6-4

步骤④ 用上述的方法创建图形元件"草坪""树枝""小猴""太阳"和"白云"，并分别将"库"
面板中的位图"02~06"拖曳到相应的舞台窗口中，"库"面板分别如图 6-5~图 6-9 所示。

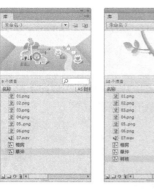   

　图 6-5　　　　　　图 6-6　　　　　　图 6-7　　　　　　图 6-8　　　　　　图 6-9

2. 制作影片剪辑元件

步骤① 按 Ctrl+F8 组合键，弹出"创建新元件"对话框，在"名称"文本
框中输入"小猴动"，在"类型"下拉列表中选择"影片剪辑"选项，单击"确定"
按钮，新建影片剪辑元件"小猴动"，舞台窗口也随之转换为图形元件的舞台窗口。

步骤② 将"库"面板中的图形元件"小猴"拖曳到舞台窗口中，如图 6-10
所示。选择"任意变形"工具，将中心点拖曳至左上角，如图 6-11 所示。

微课：制作
卡通歌曲 2

　　　　图 6-10　　　　　　　　　　　图 6-11

步骤③ 分别选中"图层 1"的第 15 帧、第 30 帧、第 45 帧，按 F6 键，插入关键帧，如图 6-12
所示。选中第 15 帧，在舞台窗口中选择"小猴"实例，按 Ctrl+T 组合键，弹出"变形"面板，将"旋
转"设为 50°，如图 6-13 所示，效果如图 6-14 所示。

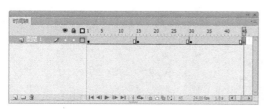  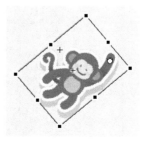

　　　　图 6-12　　　　　　　　　　图 6-13　　　　　　　　图 6-14

步骤 ④ 选中第 30 帧，在舞台窗口中选择"小猴"实例，在"变形"面板中，将"旋转"设为 −40°，如图 6-15 所示，效果如图 6-16 所示。分别用鼠标右键单击"图层 1"的第 1 帧、第 15 帧、第 3 帧，在弹出的快捷菜单中选择"创建传统补间"命令，生成传统补间动画，如图 6-17 所示。

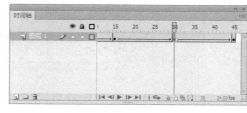

图 6-15　　　　　　　　　　图 6-16　　　　　　　　　　　　图 6-17

步骤 ⑤ 按 Ctrl+F8 组合键，新建影片剪辑元件"太阳动"。将"库"面板中的图形元件"太阳"拖曳到舞台窗口中，如图 6-18 所示。选中"图层 1"的第 80 帧，按 F6 键，插入关键帧。用鼠标右键单击第 1 帧，在弹出的快捷菜单中选择"创建传统补间"命令，生成传统补间动画，如图 6-19 所示。

步骤 ⑥ 选中"图层 1"的第 1 帧，在帧"属性"面板中选择"补间"选项组，在"旋转"下拉列表中选择"顺时针"，将"旋转次数"设为 1，如图 6-20 所示。

图 6-18　　　　　　　　图 6-19　　　　　　　　　　图 6-20

3. 制作场景动画

步骤 ① 单击舞台窗口左上方的"场景 1"图标 ，进入"场景 1"的舞台窗口。将"图层 1"重命名为"草坪"。将"库"面板中的图像元件"草坪"拖曳到舞台窗口的下方，效果如图 6-21 所示。

步骤 ② 选中"草坪"图层的第 30 帧，按 F6 键，插入关键帧。选中"草坪"图层的第 101 帧，按 F5 键，插入普通帧。选中"草坪"图层的第 1 帧，在舞台窗口中，将"草坪"实例垂直向下拖曳到适当的位置，效果如图 6-22 所示。

步骤 ③ 用鼠标右键单击"草坪"图层的第 1 帧，在弹出的快捷菜单中选择"创建传统补间"命令，生成传统补间动画。单击"时间轴"面板下方的"新建图层"按钮 ，创建新图层并命名为"楼房"，如图 6-23 所示。

微课：制作
卡通歌曲 3

图 6-21

图 6-22

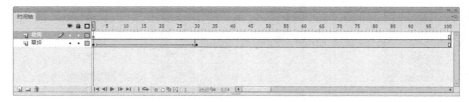
图 6-23

步骤④ 将"库"面板中的图形元件"楼房"拖曳到舞台窗口中，效果如图 6-24 所示。选中"楼房"图层的第 30 帧，按 F6 键，插入关键帧。选中"楼房"图层的第 1 帧，在舞台窗口中，将"楼房"实例垂直向上拖曳到适当的位置，效果如图 6-25 所示。

步骤⑤ 用鼠标右键单击"楼房"图层的第 1 帧，在弹出的快捷菜单中选择"创建传统补间"命令，生成传统补间动画。在"时间轴"面板中拖曳"楼房"图层到"草坪"图层的下方，如图 6-26 所示。

图 6-24

图 6-25

图 6-26

步骤⑥ 在"时间轴"面板中选择"草坪"图层，单击"时间轴"面板下方的"新建图层"按钮，创建新图层并命名为"白云"。将"库"面板中的图形元件"白云"拖曳到舞台窗口中，效果如图 6-27 所示。

步骤⑦ 选中"白云"图层的第 50 帧，按 F6 键，插入关键帧。选中"白云"图层的第 1 帧，在舞台窗口中，将"白云"实例水平向左拖曳到适当的位置，效果如图 6-28 所示。用鼠标右键单击"白云"图层的第 1 帧，在弹出的快捷菜单中选择"创建传统补间"命令，生成传统补间动画，如图 6-29 所示。

步骤⑧ 单击"时间轴"面板下方的"新建图层"按钮，创建新图层并命名为"白云 1"。选中"白云 2"的第 10 帧，按 F6 键，插入关键帧。将"库"面板中的图形元件"白云"拖曳到舞台窗口中并缩小实例，效果如图 6-30 所示。

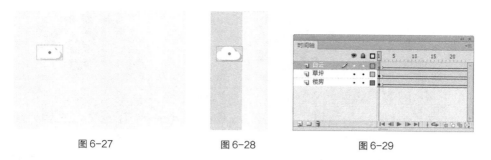

| 图 6-27 | 图 6-28 | 图 6-29 |

步骤 ⑨ 选中"白云2"图层的第67帧，按F6键，插入关键帧。选中"白云2"图层的第10帧，在舞台窗口中，将"白云"实例水平向右拖曳到适当的位置，效果如图6-31所示。

步骤 ⑩ 用鼠标右键单击"白云2"图层的第10帧，在弹出的快捷菜单中选择"创建传统补间"命令，生成传统补间动画，如图6-32所示。

| 图 6-30 | 图 6-31 | 图 6-32 |

步骤 ⑪ 单击"时间轴"面板下方的"新建图层"按钮，创建新图层并命名为"树枝"。选中"树枝"的第15帧，按F6键，插入关键帧。将"库"面板中的图形元件"树枝"拖曳到舞台窗口中并放置在适当的位置，效果如图6-33所示。

步骤 ⑫ 选中"树枝"图层的第40帧，按F6键，插入关键帧。选中"树枝"图层的第15帧，在舞台窗口中，将"树枝"实例水平向右拖曳到适当的位置，效果如图6-34所示。用鼠标右键单击"树枝"图层的第15帧，在弹出的快捷菜单中选择"创建传统补间"命令，生成传统补间动画。

| 图 6-33 | 图 6-34 |

步骤 ⑬ 单击"时间轴"面板下方的"新建图层"按钮，创建新图层并命名为"小猴"。选中"小猴"的第40帧，按F6键，插入关键帧。将"库"面板中的影片剪辑元件"小猴动"拖曳到舞台窗口中并放置在适当的位置，效果如图6-35所示。

步骤 ⑭ 单击"时间轴"面板下方的"新建图层"按钮，创建新图层并命名为"太阳"。将"库"面板中的影片剪辑元件"太阳动"拖曳到舞台窗口中并放置在适当的位置，效果如图6-36所示。

| 图 6-35 | 图 6-36 |

4. 添加音乐与动作脚本

步骤① 单击"时间轴"面板下方的"新建图层"按钮，创建新图层并命名为"音乐"。将"库"面板中的音乐文件 07 拖曳到舞台窗口中，"时间轴"面板如图 6-37 所示。

微课：制作
卡通歌曲 4

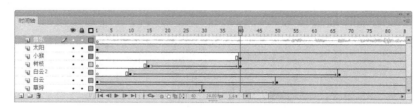

图 6-37

步骤② 选中"音乐"图层的第 1 帧，调出帧"属性"面板，在"声音"选项组中，选择"同步"下拉列表中的"事件"，将"声音循环"设为"循环"，如图 6-38 所示。

步骤③ 单击"时间轴"面板下方的"新建图层"按钮，创建新图层并命名为"动作脚本"。选中"动作脚本"图层的第 101 帧，按 F6 键，插入关键帧。按 F9 键，弹出"动作"面板，在面板的左上方将脚本语言版本设为"ActionScript 1.0 & 2.0"，在面板中单击"将新项目添加到脚本中"按钮，在弹出的菜单中选择"全局函数 > 时间轴控制 > stop"命令。"脚本窗口"中显示选择的脚本语言，如图 6-39 所示。设置好动作脚本后，关闭"动作"面板。在"动作脚本"图层的第 101 帧上显示一个标记"a"。

步骤④ 卡通歌曲制作完成，按 Ctrl+Enter 组合键查看效果，如图 6-40 所示。

| 图 6-38 | 图 6-39 | 图 6-40 |

6.1.4 【相关工具】

1. 导入声音素材并添加声音

Flash CS6 在"库"面板中可以保存声音、位图、组件和元件。与图形组件一样，只需要一个声音文件的副本，即可在文档中以各种方式使用这个声音文件。

步骤① 要为动画添加声音，打开云盘中的"基础素材 > Ch06 > 01"文件，如图 6-41 所示。选择"文件 > 导入 > 导入到库"命令，在"导入"对话框中，选择云盘中的"基础素材 > Ch06 > 02"声音文件，单击"打开"按钮，将声音文件导入"库"面板，如图 6-42 所示。

步骤② 单击"时间轴"面板下方的"新建图层"按钮 ，创建新的图层并命名为"音乐"，将其作为放置声音文件的图层，如图 6-43 所示。

图 6-41

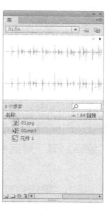

图 6-42

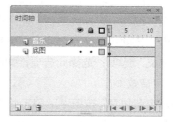

图 6-43

步骤③ 将"库"面板中的声音文件 02 拖曳到舞台窗口中，如图 6-44 所示。松开鼠标，在"音乐"图层中出现声音文件的波形，如图 6-45 所示。声音添加完成，按 Ctrl+Enter 组合键测试添加的效果。

图 6-44

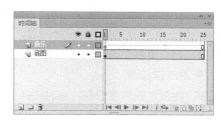

图 6-45

2. "属性"面板

在"时间轴"面板中选中声音文件所在图层的第 1 帧，按 Ctrl+F3 组合键，弹出帧"属性"面板，如图 6-46 所示。

"名称"下拉列表：可以在此下拉列表中选择"库"面板中的声音文件。

"效果"下拉列表：可以在此下拉列表中选择声音播放的效果，如图 6-47 所示。

"无"选项：不对声音文件应用效果。选择此选项后，可以删除以前应用于声音的特效。

"左声道"选项：只在左声道播放声音。

"右声道"选项：只在右声道播放声音。

"向右淡出"选项：选择此选项，声音从左声道渐变到右声道。

图 6-46 　　　　　　　　　　　　　　图 6-47

"向左淡出"选项：选择此选项，声音从右声道渐变到左声道。

"淡入"选项：选择此选项，在声音的持续时间内，逐渐增加其音量。

"淡出"选项：选择此选项，在声音的持续时间内，逐渐减小其音量。

"自定义"选项：选择此选项，弹出"编辑封套"对话框，通过自定义声音的淡入和淡出点，创建自己的声音效果。

"编辑声音封套"按钮 ✎：单击此按钮，弹出"编辑封套"对话框，通过自定义声音的淡入和淡出点，创建自己的声音效果。

"同步"下拉列表：用于选择何时播放声音，如图 6-48 所示。其中各选项的含义如下。

图 6-48

"事件"选项：将声音和发生的事件同步播放。事件声音在它的起始关键帧开始显示时播放，并独立于时间轴播放完整个声音，即使影片文件停止，也继续播放。当播放发布的 SWF 影片文件时，事件声音混合在一起。一般情况下，当用户单击一个按钮播放声音时，选择事件声音。如果事件声音正在播放，而声音再次被实例化（如用户再次单击按钮），则第一个声音实例继续播放，另一个声音实例同时开始播放。

"开始"选项：与"事件"选项的功能相近，但如果选择的声音实例已经在时间轴的其他地方播放，则不会播放新的声音实例。

"停止"选项：使指定的声音静音。在时间轴上同时播放多个声音时，可指定其中一个为静音。

"数据流"选项：使声音同步，以便在 Web 站点上播放。Flash 强制动画和音频流同步。换句话说，音频流随动画的播放而播放，随动画的结束而结束。发布 SWF 文件时，音频流混合在一起。一般给帧添加声音时，使用此选项。音频流声音的播放长度不会超过它占帧的长度。

Flash 中有两种类型的声音：事件声音和音频流。事件声音必须完全下载后才能开始播放，除非明确停止，否则它将一直连续播放。音频流在前几帧下载了足够的资料后就开始播放，音频流可以和时间轴同步，以便在 Web 站点上播放。

"重复"选项：用于指定声音循环的次数。可以在该选项后的数值框中设置循环次数，如图 6-49 所示。

图 6-49

"循环"选项：用于循环播放声音。一般情况下，不循环播放音频流。如果将音频流设为循环播放，帧就会添加到文件中，文件的大小会根据声音循环播放的次数而倍增。

6.1.5 【实战演练】制作英文歌曲

使用"导入"命令,导入素材并制作图形元件;使用"文本"工具,输入文字;使用"创建传统补间"命令,制作补间动画效果;使用"影片剪辑"元件,制作云动画效果。最终效果参看云盘中的"Ch06 > 效果 > 制作英文歌曲",如图 6-50 所示。

微课:制作
英文歌曲

图 6-50

6.2 制作英文诗歌教学片头

6.2.1 【案例分析】

网络英文教学是现在非常流行的一种教学模式。它可以根据教学的内容来设计制作生动有趣的动画效果,吸引大家浏览和学习。教学片头在设计上要注意颜色搭配,声音与图形的出场时间要保持一致。

6.2.2 【设计理念】

在设计制作过程中,利用绿色背景和英文的搭配,营造出英文诗歌教学的活跃气氛;通过字母 C、G 跳跃的形式配合背景声音的出场,表现出诗歌的韵律和节奏感。左上角的按钮可以左右拖动,帮助学习者调整音量。最终效果参看云盘中的"Ch06 > 效果 > 制作英文诗歌教学片头",如图 6-51 所示。

图 6-51

6.2.3 【操作步骤】

1. 导入图形并制作动画

步骤① 选择"文件 > 新建"命令,弹出"新建文档"对话框,在"常规"选项卡中选择"ActionScript 2.0"选项,将"宽"设为 550,"高"设为 400,"背景颜色"设为青色(#66CCFF),"帧频"设为 12,单击"确定"按钮,完成文档的创建。

微课:制作英文
诗歌教学片头 1

步骤② 选择"文件 > 导入 > 导入到库"命令,在弹出的"导入到库"对话框中,选择云盘中的"Ch06 > 素材 > 制作英文诗歌教学片头 > C、class、G、good、按钮、01、02、控制条"文件,单击"打开"按钮，文件被导入"库"面板，如图 6-52 所示。

步骤③ 在"库"面板下方单击"新建元件"按钮，弹出"创建新元件"对话框，在"名称"文本框中输入"矩形块"，在"类型"下拉列表中选择"影片剪辑"选项，单击"确定"按钮，新建影片剪辑元件"矩形块"，如图 6-53 所示，舞台窗口也随之转换为影片剪辑元件的舞台窗口。

步骤④ 选择"矩形"工具，在矩形"属性"面板中将"笔触颜色"设为无，"填充颜色"设为白色，在舞台窗口中绘制出一个矩形，效果如图 6-54 所示。选择"选择"工具，在舞台窗口中选中矩形，在"颜色"面板中将 Alpha 设为 0。

图 6-52　　　　　　　图 6-53　　　　　　　　　图 6-54

步骤⑤ 在"库"面板中，用鼠标右键单击"按钮"元件，在弹出的快捷菜单中选择"属性"命令，弹出"元件属性"对话框，在"类型"下拉列表中选择"影片剪辑"，如图 6-55 所示。单击"确定"按钮，按钮元件转换为影片剪辑元件，如图 6-56 所示。

步骤⑥ 单击舞台窗口左上方的"场景 1"图标，进入"场景 1"的舞台窗口。将"图层 1"重命名为"底图"。将"库"面板中的位图"01"拖曳到舞台窗口中，效果如图 6-57 所示。选中"底图"图层的第 150 帧，按 F5 键，插入普通帧。

图 6-55　　　　　　　　图 6-56　　　　　　　　图 6-57

步骤⑦ 单击"时间轴"面板下方的"新建图层"按钮，创建新图层并命名为"c1"。将"库"面板中的图形元件"c"拖曳到舞台窗口的右上方外侧，效果如图 6-58 所示。选中"c1"图层的第

10 帧，按 F6 键，插入关键帧，选择"任意变形"工具 ，在舞台窗口中选中"c"实例，将其缩小并放置到合适的位置，效果如图 6-59 所示。

步骤 ⑧ 用鼠标右键单击"c1"图层的第 1 帧，在弹出的快捷菜单中选择"创建传统补间"命令，生成传统补间动画，如图 6-60 所示。

图 6-58

图 6-59

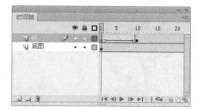
图 6-60

步骤 ⑨ 选中"c1"图层的第 13 帧，按 F6 键，插入关键帧，选择"选择"工具 ，在舞台窗口中选中"c"实例，调出图形"属性"面板，将宽度、高度均设为 70，舞台窗口中的效果如图 6-61 所示。分别选中"c1"图层的第 15 帧、第 20 帧、第 24 帧、第 28 帧、第 30 帧、第 45 帧，按 F6 键，插入关键帧，如图 6-62 所示。

图 6-61

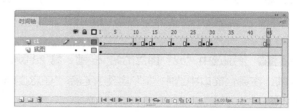
图 6-62

步骤 ⑩ 选中"c1"图层的第 20 帧，选择"任意变形"工具 ，在舞台窗口中选中"c"实例将其变形，按住 Shift 键的同时，将其水平向左拖曳到合适的位置，效果如图 6-63 所示。

步骤 ⑪ 选中"c1"图层的第 24 帧，在舞台窗口中选中"c"实例，按住 Shift 键的同时，将其水平向左拖曳到合适的位置，效果如图 6-64 所示。选中"c1"图层的第 28 帧，在舞台窗口中选中"c"实例将其变形，按住 Shift 键的同时，将其水平向左拖曳到舞台窗口的外侧，效果如图 6-65 所示。

图 6-63

图 6-64

图 6-65

　　步骤 ⑫ 选中"c1"图层的第 30 帧，在舞台窗口中选中"c"实例，按住 Shift 键的同时，将其水平向左拖曳到舞台窗口的外侧，效果如图 6-66 所示。

　　步骤 ⑬ 选中"c1"图层的第 45 帧，在舞台窗口中选中"c"实例，按住 Shift 键的同时，将其水平向右拖曳到舞台窗口的外侧，效果如图 6-67 所示。

　　步骤 ⑭ 分别用鼠标右键单击"c1"图层的第 15 帧、第 20 帧、第 24 帧、第 30 帧，在弹出的快捷菜单中选择"创建传统补间"命令，生成传统补间动画，如图 6-68 所示。

图 6-66　　　　　　　　　　　　　图 6-67　　　　　　　　　　　　　图 6-68

　　步骤 ⑮ 在"时间轴"面板中创建新图层并命名为"c2"。选中"c2"图层的第 17 帧，按 F6 键，插入关键帧。将"库"面板中的图形元件"c"拖曳到舞台窗口中，选择"任意变形"工具，按住 Shift 键的同时，将其等比缩小，并放置到合适的位置，效果如图 6-69 所示。

　　步骤 ⑯ 选中"c2"图层的第 24 帧，按 F6 键，插入关键帧，选择"任意变形"工具，在舞台窗口中选中"c"实例将其变形，按住 Shift 键的同时，将其垂直向下拖曳到舞台窗口的下方，效果如图 6-70 所示。

　　步骤 ⑰ 分别选中"c2"图层的第 25 帧、第 28 帧，按 F6 键，插入关键帧。选中"c2"图层的第 25 帧，在舞台窗口中选中"c"实例，选择"任意变形"工具将其变形，并放置到合适的位置，效果如图 6-71 所示。

图 6-69　　　　　　　　　　　　　图 6-70　　　　　　　　　　　　　图 6-71

　　步骤 ⑱ 分别选中"c2"图层的第 31 帧、第 35 帧，按 F6 键，插入关键帧。选中"c2"图层的第 31 帧，选择"任意变形"工具，在舞台窗口中选中"c"实例将其变形，并放置到合适的位置，效果如图 6-72 所示。

　　步骤 ⑲ 选中"c2"图层的第 35 帧，在舞台窗口中选中"c"实例，调出图形"属性"面板，将"宽度""高度"均设为 62，并将其放置到合适的位置，效果如图 6-73 所示。选中"c2"图层的第 43 帧，按 F6 键，插入关键帧，选择"任意变形"工具，在舞台窗口中选中"c"实例将其变形，并放置到合适的位置，效果如图 6-74 所示。

图 6-72　　　　　　　　　　　图 6-73　　　　　　　　　　　图 6-74

步骤 ⑳ 选中"c2"图层的第 50 帧，按 F6 键，插入关键帧，在舞台窗口中选中"c"实例，按住 Shift 键的同时，将其垂直向上拖曳到舞台上方，效果如图 6-75 所示。

步骤 ㉑ 选中"c2"图层的第 62 帧，按 F6 键，插入关键帧，在舞台窗口中选中"c"实例，调出图形"属性"面板，将"宽度""高度"均设为 20，将 X、Y 分别设为 256、160，效果如图 6-76 所示。

图 6-75　　　　　　　　　　　　　　　　　　图 6-76

步骤 ㉒ 选中"c2"图层的第 67 帧，按 F6 键，插入关键帧，在舞台窗口中选中"c"实例，选择"任意变形"工具，按住 Shift 键的同时，将其等比放大，效果如图 6-77 所示。

步骤 ㉓ 分别选中"c2"图层的第 70 帧和第 75 帧，按 F6 键插入关键帧。选中"c2"图层的第 75 帧，在舞台窗口中选中"c"实例，在图形"属性"面板中选择"色彩效果"选项组，在"样式"下拉列表中选择 Alpha 选项，将其值设为 0，舞台窗口中的效果如图 6-78 所示。

图 6-77　　　　　　　　　　　　　　图 6-78

步骤 ㉔ 分别用鼠标右键单击"c2"图层的第 17 帧、第 43 帧、第 62 帧、第 70 帧，在弹出的快捷菜单中选择"创建传统补间"命令，生成传统补间动画，如图 6-79 所示。

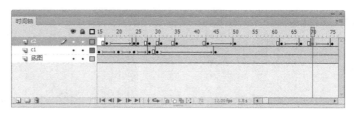

图 6-79

2. 制作 class 文字动画

微课：制作英文
诗歌教学片头 2

步骤① 在"时间轴"面板中创建新图层并命名为"class"。选中"class"图层的第 46 帧，按 F6 键，插入关键帧。将"库"面板中的图形元件"class"拖曳到舞台窗口的右下方外侧，效果如图 6-80 所示。

步骤② 选中"class"图层的第 61 帧，按 F6 键，插入关键帧。在舞台窗口中选中"class"实例，按住 Shift 键的同时，将其水平向左拖曳到舞台左下方，效果如图 6-81 所示。

步骤③ 分别选中"class"图层的第 67 帧、第 71 帧、第 76 帧，按 F6 键插入关键帧。选中"class"图层的第 61 帧，选择"任意变形"工具，在舞台窗口中选中"class"实例，按住 Alt 键的同时，向左拖曳右侧中间的控制点将其变形，效果如图 6-82 所示。

图 6-80

图 6-81

图 6-82

步骤④ 选中"class"图层的第 76 帧，在舞台窗口中选中"class"实例，按住 Shift 键的同时，将其水平向左拖曳到舞台外侧，效果如图 6-83 所示。分别用鼠标右键单击"class"图层的第 46 帧、第 61 帧、第 71 帧，在弹出的菜单中选择"创建传统补间"命令，生成传统补间动画，如图 6-84 所示。

步骤⑤ 在"时间轴"面板中创建新图层并命名为"c3"。选中"c3"图层的第 10 帧，按 F6 键，插入关键帧。将"库"面板中的图形元件"c"拖曳到舞台窗口的左上方外侧，效果如图 6-85 所示。

图 6-83

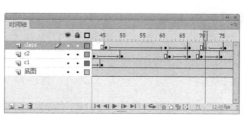
图 6-84

图 6-85

步骤 ⑥ 选中"c3"图层的第 17 帧，按 F6 键，插入关键帧。选择"任意变形"工具，在舞台窗口中选中"c"实例，按住 Shift 键的同时，将其等比缩小到合适的大小，并拖曳到舞台窗口的右下方，效果如图 6-86 所示。

步骤 ⑦ 选中"c3"图层的第 24 帧，按 F6 键，插入关键帧。在舞台窗口中选中"c"实例，在图形"属性"面板中选择"色彩效果"选项组，在"样式"下拉列表中选择 Alpha 选项，将其值设为 0。舞台窗口中的效果如图 6-87 所示。

步骤 ⑧ 分别用鼠标右键单击"c3"图层的第 10 帧和第 17 帧，在弹出的快捷菜单中选择"创建传统补间"命令，生成传统补间动画，如图 6-88 所示。

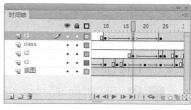

图 6-86　　　　　　　　　　图 6-87　　　　　　　　　　图 6-88

3. 制作 G 图形动画

步骤 ① 在"时间轴"面板中创建新图层并命名为"g1"。选中"g1"图层的第 82 帧，按 F6 键，插入关键帧。将"库"面板中的图形元件"g"拖曳到舞台窗口中，选择"任意变形"工具，按住 Shift 键的同时，将其等比缩小，并放置到合适的位置，效果如图 6-89 所示。

微课：制作英文
诗歌教学片头 3

步骤 ② 选中"g1"图层的第 87 帧，按 F6 键，插入关键帧。选择"任意变形"工具，在舞台窗口中选中"g"实例将其适当变形，按住 Shift 键的同时，将其垂直向下拖曳到合适的位置，效果如图 6-90 所示。

步骤 ③ 分别选中"g1"图层的第 88 帧、第 90 帧，按 F6 键，插入关键帧。选中"g1"图层的第 88 帧，选择"任意变形"工具，在舞台窗口中选中"g"实例将其适当变形，效果如图 6-91 所示。

图 6-89　　　　　　　　　　图 6-90　　　　　　　　　　图 6-91

步骤 ④ 选中"g1"图层的第 92 帧，按 F6 键，插入关键帧。选择"选择"工具，在舞台窗口中选中"g"实例，调出图形"属性"面板，分别将"宽度""高度"设为 92，舞台窗口中的效果如图 6-92 所示。

步骤⑤ 选中"g1"图层的第 103 帧，按 F6 键，插入关键帧。在舞台窗口中选中"g"实例，按住 Shift 键的同时，将其水平向右拖曳到舞台窗口外侧，效果如图 6-93 所示。

步骤⑥ 分别用鼠标右键单击"g1"图层的第 82 帧、第 92 帧，在弹出的快捷菜单中选择"创建传统补间"命令，生成传统补间动画，如图 6-94 所示。选中"g1"图层的第 92 帧，调出帧"属性"面板，选择"旋转"下拉列表中的"顺时针"选项。

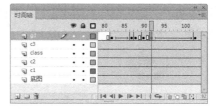

图 6-92　　　　　　　图 6-93　　　　　　　图 6-94

4. 制作 Good 文字动画

步骤① 在"时间轴"面板中创建新图层并命名为"good"。选中"good"图层的第 114 帧，按 F6 键，插入关键帧。将"库"面板中的图形元件"good"拖曳到舞台窗口的左下方外侧，效果如图 6-95 所示。

步骤② 选中"good"图层的第 133 帧，按 F6 键，插入关键帧。在舞台窗口中选中"good"实例，按住 Shift 键的同时，将其水平向右拖曳到舞台窗口的外侧，效果如图 6-96 所示。

步骤③ 选中"good"图层的第 134 帧，按 F6 键，插入关键帧。在舞台窗口中选中"good"实例，将其拖曳到舞台窗口的中间位置，效果如图 6-97 所示。

微课：制作英文诗歌教学片头 4

图 6-95　　　　　　　图 6-96　　　　　　　图 6-97

步骤④ 选中"good"图层的第 139 帧，按 F6 键，插入关键帧。选中"good"图层的第 134 帧，选择"任意变形"工具 ，在舞台窗口中选中"good"实例，按住 Shift 键的同时，将其等比缩小，并将其垂直向上拖曳到舞台上方，效果如图 6-98 所示。

步骤⑤ 分别用鼠标右键单击"good"图层的第 114 帧、第 134 帧，在弹出的快捷菜单中选择"创建传统补间"命令，生成传统补间动画，如图 6-99 所示。

步骤⑥ 在"时间轴"面板中创建新图层并命名为"g2"。选中"g2"图层的第 76 帧，按 F6 键，插入关键帧。将"库"面板中的图形元件"g"拖曳到舞台窗口中，选择"任意变形"工具 ，按住 Shift 键的同时，将其等比缩小，并放置到舞台窗口的右上方外侧，效果如图 6-100 所示。

图 6-98

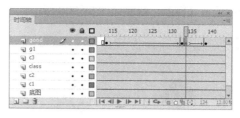

图 6-99

步骤⑦ 选中"g2"图层的第 82 帧，按 F6 键，插入关键帧。在舞台窗口中选中"g"实例，按住 Shift 键的同时，将其等比放大，并拖曳到舞台窗口的左下方，效果如图 6-101 所示。

图 6-100

图 6-101

步骤⑧ 选中"g2"图层的第 91 帧，按 F6 键，插入关键帧。选择"选择"工具 ，在舞台窗口中选中"g"实例，按住 Shift 键的同时，将其水平向左拖曳到适当的位置，效果如图 6-102 所示。

步骤⑨ 选中"g2"图层的第 93 帧，按 F6 键，插入关键帧。在舞台窗口中选中"g"实例，在图形"属性"面板中选择"色彩效果"选项组，在"样式"下拉列表中选择"Alpha"选项，将其值设为 0，并将"g"实例拖曳到舞台的中间位置，效果如图 6-103 所示。

图 6-102

图 6-103

步骤⑩ 选中"g2"图层的第 100 帧，按 F6 键，插入关键帧。选择"任意变形"工具 ，在舞台窗口中选中"g"实例，按住 Shift 键的同时，将其等比缩小。在图形"属性"面板中选择"色彩效果"选项组，在"样式"下拉列表中选择"Alpha"选项，将其值设为 100%，舞台窗口中的效果如图 6-104 所示。

步骤⑪ 选中"g2"图层的第 105 帧，按 F6 键，插入关键帧。在舞台窗口中选中"g"实例，按住 Alt 键的同时，拖动"g"实例将其复制。按住 Shift 键的同时，将其等比缩小，并放置到合适的位置，效果如图 6-105 所示。

步骤⑫ 选中"g2"图层的第 107 帧，按 F6 键，插入关键帧。在舞台窗口中选中两个"g"实例，按住 Alt 键的同时，拖动"g"实例将其复制，并将复制出来的"g"实例放置到与小"g"实例大致相同的位置将其覆盖，效果如图 6-106 所示。

图 6-104

图 6-105

图 6-106

步骤 ⑬ 选中"g2"图层的第 110 帧，按住 Shift 键的同时，单击第 150 帧，选中第 110 帧～第 150 帧的所有帧，用鼠标右键单击被选中的帧，在弹出的快捷菜单中选择"删除帧"命令，将选中的帧删除，如图 6-107 所示。

步骤 ⑭ 分别用鼠标右键单击"g2"图层的第 76 帧、第 82 帧、第 93 帧，在弹出的快捷菜单中选择"创建传统补间"命令，生成传统补间动画，如图 6-108 所示。选中"g2"图层的第 82 帧，在帧"属性"面板中选择"补间"选项组，在"旋转"下拉列表中选择"顺时针"。

图 6-107

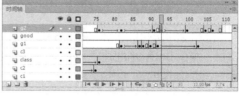
图 6-108

步骤 ⑮ 在"时间轴"面板中创建新图层并命名为"g3"。选中"g3"图层的第 123 帧，按 F6 键，插入关键帧，将"库"面板中的图形元件"g"拖曳到舞台窗口中。选择"任意变形"工具，按住 Shift 键的同时，将其等比缩小，并放置到舞台窗口的上方，效果如图 6-109 所示。

步骤 ⑯ 选中"g3"图层的第 129 帧，按 F6 键，插入关键帧。选择"选择"工具，在舞台窗口中选中"g"实例，按住 Shift 键的同时，将其垂直向下拖曳到合适的位置，效果如图 6-110 所示。

步骤 ⑰ 用鼠标右键单击"g3"图层的第 123 帧，在弹出的快捷菜单中选择"创建传统补间"命令，生成传统补间动画，如图 6-111 所示。在"时间轴"面板中创建新图层并命名为"音乐"，将"库"面板中的声音文件"声音"拖曳到舞台窗口中。

图 6-109

图 6-110

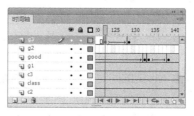
图 6-111

步骤 ⑱ 在"时间轴"面板中创建新图层并命名为"控制条",将"库"面板中的图形元件"控制条"拖曳到舞台窗口的左上方,效果如图 6-112 所示。

步骤 ⑲ 在"时间轴"面板中创建新图层并命名为"矩形块",将"库"面板中的影片剪辑元件"矩形块"拖曳到舞台窗口的左上方,效果如图 6-113 所示。在影片剪辑"属性"面板的"实例名称"文本框中输入"bar_sound",如图 6-114 所示。

图 6-112　　　　　　　　　图 6-113　　　　　　　　　图 6-114

步骤 ⑳ 在"时间轴"面板中创建新图层并命名为"按钮",将"库"面板中的影片剪辑元件"按钮"拖曳到舞台窗口的左上方,效果如图 6-115 所示。在影片剪辑"属性"面板的"实例名称"文本框中输入"bar_con2",如图 6-116 所示。

图 6-115　　　　　　　　　　　　　图 6-116

步骤 ㉑ 在"时间轴"面板中创建新图层并命名为"动作脚本",选中"动作脚本"图层的第 1 帧,选择"窗口 > 动作"命令,在弹出的"动作"面板中设置脚本语言,"脚本窗口"中的显示效果如图 6-117 所示。设置好动作脚本后,关闭"动作"面板,在"动作脚本"图层的第 1 帧上显示一个标记"a"。

图 6-117

步骤② 用鼠标右键单击"库"面板中的声音文件02，在弹出的菜单中选择"属性"命令，在弹出"声音属性"对话框中进行设置，如图6-118所示。单击"确定"按钮，英文诗歌教学片头制作完成，按Ctrl+Enter组合键即可查看效果。

图6-118

6.2.4 【相关工具】

◎ 控制声音

步骤① 新建空白文档。选择"文件 > 导入 > 导入到库"命令，在弹出的"导入到库"对话框中，选择云盘中的"基础素材 > Ch06 > 03"文件，单击"打开"按钮，文件被导入"库"面板中，如图6-119所示。

步骤② 使用鼠标右键单击"库"面板中的声音文件，在弹出的快捷菜单中选择"属性"命令，弹出"声音属性"对话框，单击"ActionScript"选项卡，勾选"为ActionScript导出"复选框和"在第1帧中导出"复选框，在"标识符"文本框中输入"music"（此命令在将文件设置为ActionScript 1.0&2.0版本时才可用），如图6-120所示，单击"确定"按钮。

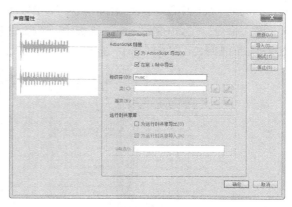

图6-119 　　　　　　　　　　　图6-120

步骤③ 选择"窗口 > 公用库 > 按钮"命令，弹出公用库中的按钮"库"面板（此面板是系统提供的），选中按钮"库"面板中的"playback flat"文件夹中的按钮元件"flat blue play" 和"flat blue stop"，如图6-121所示。

步骤 ④ 将这两个按钮文件拖曳到舞台窗口中，效果如图 6-122 所示。选择按钮"库"面板中的 "classic buttons > Knobs & Faders"文件夹中的按钮元件"fader-gain"，如图 6-123 所示。将其拖曳到舞台窗口中，效果如图 6-124 所示。

| 图 6-121 | 图 6-122 | 图 6-123 | 图 6-124 |

步骤 ⑤ 在舞台窗口中选中"flat blue play"按钮实例，在按钮"属性"面板中将"实例名称"设为 bofang，如图 6-125 所示。在舞台窗口中选中"flat blue stop"按钮实例，在按钮"属性"面板中将"实例名称"设为 tingzhi，如图 6-126 所示。

| 图 6-125 | 图 6-126 |

步骤 ⑥ 选中"flat blue play"按钮实例，选择"窗口 > 动作"命令，弹出"动作"面板，在面板的左上方将脚本语言设置为 ActionScript 1.0&2.0 版本，在"脚本窗口"中设置以下脚本语言。

```
on (press) {
    mymusic.start();
    _root.bofang._visible=false
    _root.tingzhi._visible=true
}
```

"动作"面板中的效果如图 6-127 所示。

选中"flat blue stop"按钮实例，在"动作"面板的"脚本窗口"中设置以下脚本语言。

```
on (press) {
    mymusic.stop();
    _root.tingzhi._visible=false
    _root.bofang._visible=true
}
```

"动作"面板中的效果如图 6-128 所示。

在"时间轴"面板中选中"图层 1"的第 1 帧，在"动作"面板的"脚本窗口"中设置以下脚本语言。

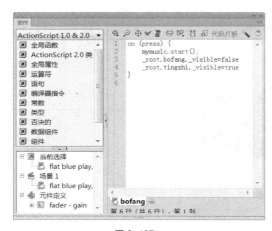

图 6-127

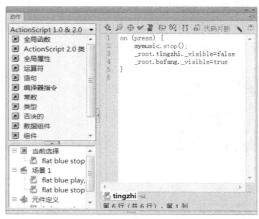

图 6-128

```
mymusic = new Sound();
mymusic.attachSound("music");
mymusic.start();
_root.bofang._visible=false
```

"动作"面板中的效果如图 6-129 所示。

步骤 ❼ 在"库"面板中双击影片剪辑元件"fader-gain"，舞台窗口随之转换为影片剪辑元件"fader-gain"的舞台窗口。在"时间轴"面板中选中图层"Layer 4"的第 1 帧，在"动作"面板中显示脚本语言。将脚本语言的最后一句"sound.setVolume(level)"改为"_root.mymusic.setVolume(level)"，如图 6-130 所示。

图 6-129

图 6-130

步骤 ❽ 单击舞台窗口左上方的"场景 1"图标 ，进入"场景 1"的舞台窗口。将舞台窗口中的"flat blue play"按钮实例放置在"flat blue stop"按钮实例的上方，将"flat blue play"按钮实例覆盖，效果如图 6-131 所示。

步骤 ❾ 选中"flat blue stop"按钮实例，选择"修改 > 排列 > 下移一层"命令，将"flat blue stop"按钮实例移动到"flat blue play"按钮实例的下方，效果如图 6-132 所示。按 Ctrl+Enter 组合键查看动画效果。

图 6-131

图 6-132

6.2.5 【实战演练】制作美食宣传片

使用"导入到库"命令，将素材图片导入"库"面板中；使用"声音"文件，为动画添加背景音乐；使用"创建传统补间"命令，制作动画效果；使用"属性"面板和"动作"面板，控制声音音量的大小。最终效果参看云盘中的"Ch06 > 效果 > 制作美食宣传片"，如图 6-133 所示。

图 6-133

微课：制作美食
宣传片 1

微课：制作美食
宣传片 2

微课：制作美食
宣传片 3

6.3 制作蛋糕宣传片

6.3.1 【案例分析】

美味小屋是一家蛋糕坊，主要经营面包、曲奇、蛋糕等糕点。现要推出新款蛋糕 DIY 过程，为喜爱做面点的朋友提供学习途径。本例是为此款蛋糕制作宣传片，要求简单易懂，符合美食行业特色。

6.3.2 【设计理念】

在设计制作过程中，背景色为橙色，营造出温馨舒适的画面效果。动画表现了制作蛋糕的整个过程，包括添加面粉、打鸡蛋、搅拌、放进烤箱等操作。最后添加声音特效，使画面更加活泼有趣。最终效果参看云盘中的"Ch06 > 效果 > 制作蛋糕宣传片"，如图 6-134 所示。

图 6-134

6.3.3 【操作步骤】

1. 导入素材并制作热气图形

步骤① 选择"文件 > 新建"命令，弹出"新建文档"对话框，在"常规"选项卡中选择"ActionScript 3.0"选项，将"宽"设为 498，"高"设为 407，单击"确定"按钮，完成文档的创建。

步骤② 在"属性"面板"发布"选项组中，选择"目标"下拉列表中的"Flash Player 10.3"，在"脚本"下拉列表中的"ActionScript 1.0"，如图 6-135 所示。

步骤③ 选择"文件 > 导入 > 导入到库"命令，在弹出的"导入到库"对话框中，选择云盘中的"Ch06 >素材 > 制作蛋糕宣传片> 01~20"文件，单击"打开"按钮，文件被导入"库"面板，如图 6-136 所示。

步骤④ 按 Ctrl+F8 组合键，弹出"创建新元件"对话框，在"名称"文本框中输入"热气"，在"类型"下拉列表中选择"图形"选项，单击"确定"按钮，新建图形元件"热气"，如图 6-137 所示，舞台窗口也随之转换为图形元件的舞台窗口。

步骤⑤ 选择"铅笔"工具，在铅笔工具"属性"面板中，将"笔触颜色"设为黑色，"笔触"设为 1，在舞台窗口中绘制多条曲线，效果如图 6-138 所示。

微课：制作
蛋糕宣传片 1

图 6-135

图 6-136

图 6-137

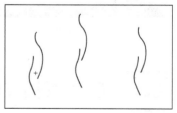

图 6-138

2. 制作搅拌器搅拌和钟表效果

步骤① 单击"新建元件"按钮，新建影片剪辑元件"搅拌器动"。将"库"面板中的图形元件"02"拖曳到舞台窗口中，选择"任意变形"工具，将其旋转适当角度，效果如图 6-139 所示。

步骤② 选中"图层 1"的第 8 帧，按 F5 键，插入普通帧。选中"图层 1"的第 6 帧，按 F6 键，插入关键帧，选择"任意变形"工具，在舞台窗口中选中"02"实例，将其旋转适当角度，效果如图 6-140 所示。

微课：制作
蛋糕宣传片 2

步骤③ 单击"时间轴"面板下方的"新建图层"按钮，新建"图层 2"。选择"铅笔"工具，在铅笔工具"属性"面板中，将"笔触"设为 0.75，在舞台窗口中绘制多条曲线，效果如图 6-141 所示。

步骤④ 选中"图层 2"的第 3 帧，按 F6 键，插入关键帧，选择"任意变形"工具，将其旋转适当角度，效果如图 6-142 所示。

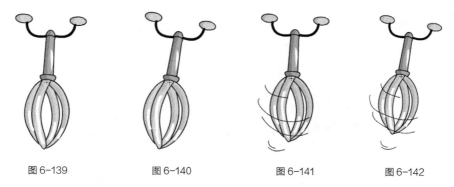

| 图 6-139 | 图 6-140 | 图 6-141 | 图 6-142 |

步骤 ⑤ 单击"新建元件"按钮，新建影片剪辑元件"钟表动"。将"图层 1"重命名为"钟表"。将"库"面板中的图形元件"20"拖曳到舞台窗口中，效果如图 6-143 所示。选中"钟表"图层的第 46 帧，按 F5 键，插入普通帧，如图 6-144 所示。

步骤 ⑥ 在"时间轴"面板中创建新图层并命名为"秒针"。将"库"面板中的图形元件"03"拖曳到舞台窗口中，效果如图 6-145 所示。选择"任意变形"工具，将中心点拖曳到表盘的中心点上，效果如图 6-146 所示。

| 图 6-143 | 图 6-144 | 图 6-145 | 图 6-146 |

步骤 ⑦ 选中"秒针"图层的第 46 帧，按 F6 键，插入关键帧，如图 6-147 所示。用鼠标右键单击"秒针"图层的第 1 帧，在弹出的快捷菜单中选择"创建传统补间"命令，生成传统补间动画，如图 6-148 所示。在帧"属性"面板中选择"补间"选项组，在"旋转"下拉列表中选择"顺时针"，其他选项的设置如图 6-149 所示。

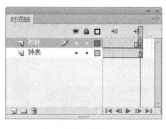

| 图 6-147 | 图 6-148 | 图 6-149 |

步骤 ⑧ 在"时间轴"面板中创建新图层并命名为"圆形"。选择"窗口 > 颜色"命令，弹出"颜色"面板，在"类型"下拉列表中选择"径向渐变"，选中色带左侧的色块，将其设为白色（#FFFFFF），选中色带右侧的色块，将其设为绿色（#009900），将"笔触颜色"设为无，生成渐变色，如图 6-150 所示。

选择"椭圆"工具 ，按住 Shift 键的同时，在舞台窗口的适当位置绘制圆形，效果如图 6-151 所示。

图 6-150

图 6-151

3. 制作添加面粉和打鸡蛋效果

步骤① 单击"新建元件"按钮，新建影片剪辑元件"动画 1"。将"图层 1"重命名为"红盆"。将"库"面板中的图形元件"04"拖曳到舞台窗口中，效果如图 6-152 所示。选中"红盆"图层的第 224 帧，按 F5 键，插入普通帧。

步骤② 在"时间轴"面板中创建新图层并命名为"面粉"。选中"面粉"图层的第 48 帧，按 F6 键，插入关键帧。将"库"面板中的图形元件"05"拖曳到舞台窗口中，效果如图 6-153 所示。

微课：制作
蛋糕宣传片 3

步骤③ 在"时间轴"面板中创建新图层并命名为"遮罩"。选中"遮罩"图层的第 48 帧，按 F6 键，插入关键帧。选择"椭圆"工具，在工具箱中将"笔触颜色"设为无，"填充颜色"设为灰色（#CCCCCC），在舞台窗口中绘制一个椭圆，效果如图 6-154 所示。选中"图层 3"的第 36 帧，按 F6 键，插入关键帧。选中"遮罩"图层的第 72 帧，选择"任意变形"工具，调整其大小，效果如图 6-155 所示。

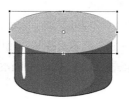

图 6-152　　　　　　　　图 6-153　　　　　　　　图 6-154　　　　　　　　图 6-155

步骤④ 用鼠标右键单击"遮罩"图层的第 48 帧，在弹出的快捷菜单中选择"创建补间形状"命令，生成补间形状动画，如图 6-156 所示。用鼠标右键单击"遮罩"图层，在弹出的快捷菜单中选择"遮罩层"命令，将"遮罩"图层转换为遮罩层，如图 6-157 所示。

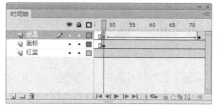
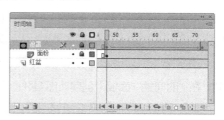

图 6-156　　　　　　　　　　　　　　　　图 6-157

步骤 ⑤ 在"时间轴"面板中创建新图层并命名为"鸡蛋 1"。选中"鸡蛋 1"图层的第 94 帧，按 F6 键，插入关键帧。将"库"面板中的图形元件"06"拖曳到舞台窗口中，效果如图 6-158 所示。

步骤 ⑥ 选中"鸡蛋 1"图层的第 118 帧，按 F6 键，插入关键帧。选择"选择"工具 ，在舞台窗口中选中"06"实例，按住 Shift 键的同时，将其垂直向下拖曳，效果如图 6-159 所示。选中"鸡蛋 1"图层的第 120 帧，按 F7 键，插入空白关键帧。

步骤 ⑦ 用鼠标右键单击"鸡蛋 1"图层的第 94 帧，在弹出的快捷菜单中选择"创建传统补间"命令，生成传统补间动画，如图 6-160 所示。

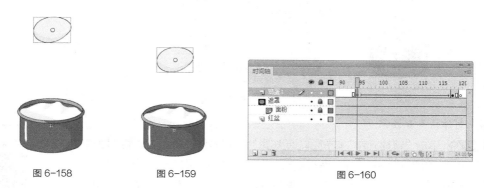

图 6-158   图 6-159   图 6-160

步骤 ⑧ 在"时间轴"面板中创建新图层并命名为"鸡蛋 2"。选中"鸡蛋 2"图层的第 120 帧，按 F6 键，插入关键帧。单击"时间轴"面板中的"编辑多个帧"按钮 ，如图 6-161 所示，此时绘图纸标记范围内的帧上的对象同时显示在舞台窗口中，效果如图 6-162 所示。

步骤 ⑨ 将"库"面板中的图形元件"07"拖曳到舞台窗口中，效果如图 6-163 所示。选中"鸡蛋 2"图层的第 140 帧，按 F7 键，插入空白关键帧。在"时间轴"面板中创建新图层并命名为"鸡蛋 3"。选中"鸡蛋 3"图层的第 140 帧，按 F6 键，插入关键帧。将"库"面板中的图形元件"08"拖曳到舞台窗口中，效果如图 6-164 所示。选中"鸡蛋 3"图层的第 198 帧，按 F7 键，插入空白关键帧。

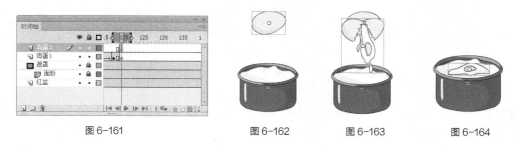

图 6-161   图 6-162   图 6-163   图 6-164

步骤 ⑩ 在"时间轴"面板中创建新图层并命名为"搅拌器"。选中"搅拌器"图层的第 198 帧，按 F6 键，插入关键帧。将"库"面板中的影片剪辑元件"搅拌器动"拖曳到舞台窗口中，效果如图 6-165 所示。

步骤 ⑪ 在"时间轴"面板中创建新图层并命名为"面粉 1"。将"库"面板中的声音文件"09"拖曳到舞台窗口中。在"时间轴"面板中创建新图层并命名为"鸡蛋"，选中"鸡蛋"图层的第 80 帧，按 F6 键，插入关键帧。将"库"面板中的声音文件"10"拖曳到舞台窗口中，"时间轴"面板上的效果如图 6-166 所示。

步骤⑫　在"时间轴"面板中创建新图层并命名为"动作脚本"。选中"动作脚本"图层的第 224 帧，按 F6 键，插入关键帧。选择"窗口 > 动作"命令，弹出"动作"面板，在面板中单击"将新项目添加到脚本中"按钮，在弹出的菜单中选择"全局函数 > 时间轴控制 > stop"命令，在"脚本窗口"中显示选择的脚本语言，如图 6-167 所示。在"动作脚本"图层的第 224 帧显示一个标记"a"。

图 6-165　　　　　　　　　　图 6-166　　　　　　　　　　图 6-167

4．制作烤蛋糕效果

步骤❶　单击"新建元件"按钮，新建影片剪辑元件"动画 2"。将"图层 1"重命名为"微波炉 1"。将"库"面板中的图形元件"11"拖曳到舞台窗口中，效果如图 6-168 所示。选中"微波炉 1"图层的第 48 帧，按 F5 键，插入普通帧。

步骤❷　在"时间轴"面板中创建新图层并命名为"蛋糕盘 1"。选中"蛋糕盘 1"图层的第 10 帧，按 F6 键，插入关键帧。将"库"面板中的图形元件"12"拖曳到舞台窗口中，效果如图 6-169 所示。

微课：制作
蛋糕宣传片 4

步骤❸　选中"蛋糕盘 1"图层的第 36 帧，按 F6 键，插入关键帧。选择"任意变形"工具，在舞台窗口中选中"12"实例，按住 Shift 键的同时，将其等比缩小并放置到合适的位置，效果如图 6-170 所示。

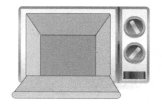
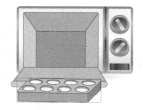
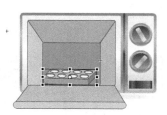

图 6-168　　　　　　　　　　图 6-169　　　　　　　　　　图 6-170

步骤❹　用鼠标右键单击"蛋糕盘 1"图层的第 10 帧，在弹出的快捷菜单中选择"创建传统补间"命令，生成传统补间动画，如图 6-171 所示。

步骤❺　在"时间轴"面板中创建新图层并命名为"微波炉 2"。选中"微波炉 2"图层的第 50 帧，按 F6 键，插入关键帧。单击"时间轴"面板中的"编辑多个帧"按钮，绘图纸标记范围内的帧上的对象同时显示在舞台中。将"库"面板中的图形元件"13"拖曳到舞台窗口中与"12"实例重合的位置，效果如图 6-172 所示。选中"微波炉 2"图层的第 82 帧，按 F5 键，插入普通帧。

步骤❻　在"时间轴"面板中创建新图层并命名为"钟表"。选中"钟表"图层的第 84 帧，按 F6 键，插入关键帧。将"库"面板中的影片剪辑元件"钟表动"拖曳到舞台窗口中，效果如图 6-173

所示。选中"钟表动"图层的第 173 帧，按 F5 键，插入普通帧。

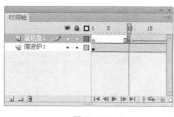

图 6-171

图 6-172

图 6-173

步骤⑦ 在"时间轴"面板中创建新图层并命名为"倒进模子"。将"库"面板中的声音文件"14"拖曳到舞台窗口中。在"时间轴"面板中创建新图层并命名为"等一会"。选中"等一会"图层的第 84 帧，按 F6 键，插入关键帧。将"库"面板中的声音文件"15"拖曳到舞台窗口中。在"时间轴"面板中创建新图层并命名为"时间"。选中"时间"图层的第 90 帧，按 F6 键，插入关键帧。将"库"面板中的声音文件"16"拖曳到舞台窗口中，"时间轴"面板上的效果如图 6-174 所示。

步骤⑧ 在"时间轴"面板中创建新图层并命名为"动作脚本"。选中"动作脚本"图层的第 173 帧，按 F6 键，插入关键帧。选择"窗口 > 动作"命令，弹出"动作"面板，在面板中单击"将新项目添加到脚本中"按钮，在弹出的菜单中选择"全局函数 > 时间轴控制 > stop"命令，在"脚本窗口"中显示选择的脚本语言，如图 6-175 所示。在"动作脚本"图层的第 173 帧显示一个标记"a"。

步骤⑨ 单击"新建元件"按钮，新建影片剪辑元件"动画 3"。将"图层 1"重命名为"蛋糕盘 2"。将"库"面板中的图形元件"17"拖曳到舞台窗口中，效果如图 6-176 所示。选中"蛋糕盘 2"图层的第 38 帧，按 F5 键，插入普通帧。

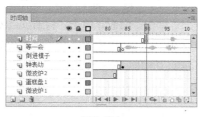

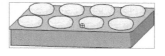

图 6-174

图 6-175

图 6-176

步骤⑩ 在"时间轴"面板中创建新图层并命名为"热气"。将"库"面板中的图形元件"热气"拖曳到舞台窗口中，效果如图 6-177 所示。选中"热气"图层的第 38 帧，按 F6 键，插入关键帧。选择"选择"工具，在舞台窗口中选中"热气"实例，按住 Shift 键的同时，将其垂直向上拖曳，在图形"属性"面板"色彩效果"选项组的"样式"下拉列表中选择"Alpha"，将其值设为 0，效果如图 6-178 所示。

步骤⑪ 用鼠标右键单击"热气"图层的第 1 帧，在弹出的快捷菜单中选择"创建传统补间"命令，生成传统补间动画，如图 6-179 所示。

步骤⑫ 在"时间轴"面板中创建新图层并命名为"各种蛋糕"。选中"各种蛋糕"图层的第 42 帧，按 F6 键，插入关键帧。将"库"面板中的图形元件"18"拖曳到舞台窗口中，效果如图 6-180 所示。选中"各种蛋糕"图层的第 66 帧，按 F6 键，插入关键帧。选中"各种蛋糕"图层的第 42 帧，

在舞台窗口中选中"18"实例，在图形"属性"面板"色彩效果"选项组的"样式"下拉列表中选择
"Alpha"，将其值设为 0。

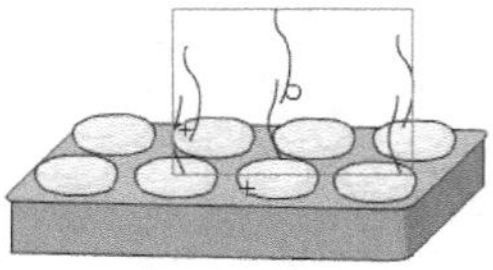

图 6-177

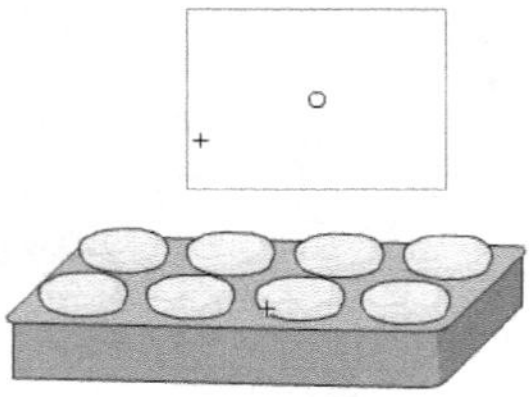

图 6-178

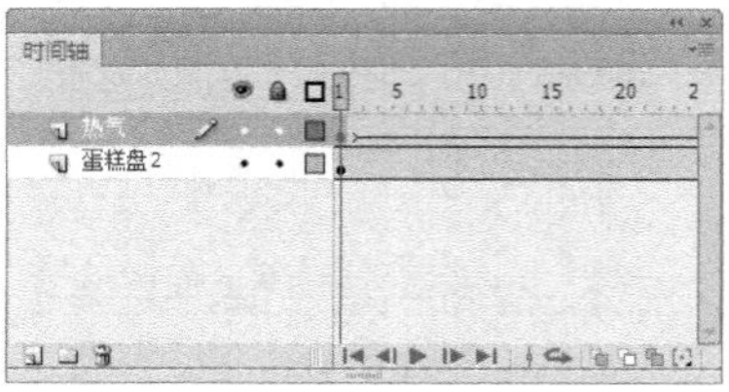

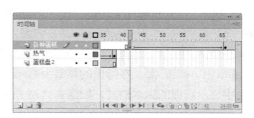
图 6-179

步骤 ⑬ 用鼠标右键单击"各种蛋糕"图层的第 42 帧，在弹出的快捷菜单中选择"创建传统补间"
命令，生成传统补间动画，如图 6-181 所示。选中"各种蛋糕"图层的第 90 帧，按 F5 键，插入普
通帧。

图 6-180

图 6-181

步骤 ⑭ 在"时间轴"面板中创建新图层并命名为"烤好了"，将"库"面板中的声音文件"19"
拖曳到舞台窗口中。

步骤 ⑮ 在"时间轴"面板中创建新图层并命名为"动作脚本"。选中"动作脚本"图层的第 90
帧，按 F6 键，插入关键帧。选择"窗口 > 动作"命令，弹出"动作"面板，单击"将新项目添加到
脚本中"按钮，在弹出的菜单中选择"全局函数 > 时间轴控制 > stop"命令，在"脚本窗口"中
显示选择的脚本语言，如图 6-182 所示。在"动作脚本"图层的第 90 帧显示一个标记"a"，如图 6-183
所示。

```
1  stop();
2
```

图 6-182

图 6-183

步骤 ⑯ 单击舞台窗口左上方的"场景 1"图标，进入"场景 1"的舞台窗口。将"图层 1"
重命名为"底纹"。将"库"面板中的位图"01"拖曳到舞台窗口中，效果如图 6-184 所示。选中"底
纹"图层的第 521 帧，按 F5 键，插入普通帧。

步骤 ⑰ 在"时间轴"面板中创建新图层并命名为"动画 1"。将"库"面板中的影片剪辑元件"动
画 1"拖曳到舞台窗口中，效果如图 6-185 所示。选中"动画 1"图层的第 221 帧，按 F7 键，插入

空白关键帧。

步骤 ⑱ 在"时间轴"面板中创建新图层并命名为"动画 2"。选中"动画 2"图层的第 221 帧，按 F6 键，插入关键帧。将"库"面板中的影片剪辑元件"动画 2"拖曳到舞台窗口中，选择"任意变形"工具 ，调整大小并放置到适当的位置，效果如图 6-186 所示。选中"动画 2"图层的第 415 帧，按 F7 键，插入空白关键帧。

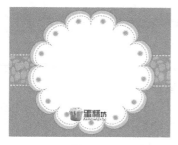
图 6-184

图 6-185

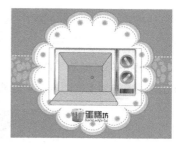
图 6-186

步骤 ⑲ 在"时间轴"面板中创建新图层并命名为"动画 3"。选中"动画 3"图层的第 415 帧，按 F6 键，插入关键帧。将"库"面板中的影片剪辑元件"动画 3"拖曳到舞台窗口中，选择"任意变形"工具 ，调整大小并放置到适当的位置，效果如图 6-187 所示。

步骤 ⑳ 在"时间轴"面板中创建新图层并命名为"动作脚本"。选中"动作脚本"图层的第 521 帧，按 F6 键，插入关键帧。选择"窗口 > 动作"命令，弹出"动作"面板，单击"将新项目添加到脚本中"按钮 ，在弹出的菜单中选择"全局函数 > 时间轴控制 > stop"命令，在"脚本窗口"中显示选择的脚本语言，如图 6-188 所示。在"动作脚本"图层的第 90 帧显示一个标记"a"。美味蛋糕制作完成，按 Ctrl+Enter 组合键即可查看效果，如图 6-189 所示。

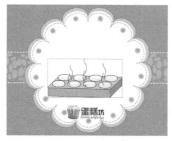
图 6-187

图 6-188

图 6-189

6.3.4 【相关工具】

◎ **绘图纸（洋葱皮）功能**

一般情况下，Flash CS6 的舞台只能显示当前帧中的对象。如果希望舞台上出现多帧对象以帮助定位和编辑前帧对象，可以使用 Flash CS6 的绘图纸（洋葱皮）功能。

打开云盘中的"基础素材 > Ch06 > 04"文件。"时间轴"面板下方按钮的功能如下。

"帧居中"按钮 ：单击此按钮，播放头所在帧会显示在时间轴的中间位置。

"绘图纸外观"按钮 ：单击此按钮，时间轴标尺上出现绘图纸的标记，如图 6-190 所示，标记范围内的帧上的对象将同时显示在舞台中，如图 6-191 所示。可以用鼠标拖动标记点来增加显示的帧数，如图 6-192 所示。

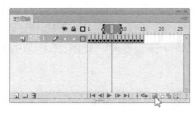

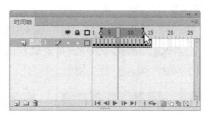

图 6-190   图 6-191   图 6-192

"绘图纸外观轮廓"按钮 ：单击此按钮，时间轴标尺上出现绘图纸的标记，如图 6-193 所示，标记范围内的帧上的对象将以轮廓线的形式同时显示在舞台中，如图 6-194 所示。

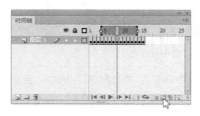

图 6-193   图 6-194

"编辑多个帧"按钮 ：单击此按钮，如图 6-195 所示，绘图纸标记范围内的帧上的对象将同时显示在舞台中，可以同时编辑所有对象，如图 6-196 所示。

"修改绘图纸标记"按钮 ：单击此按钮，弹出下拉菜单，如图 6-197 所示。

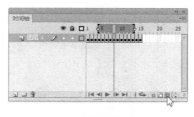

图 6-195   图 6-196   图 6-197

"始终显示标记"命令：在时间轴标尺上总是显示绘图纸标记。

"锚定标记"命令：将锁定绘图纸标记的显示范围，移动播放头不会改变显示范围，如图 6-198 所示。

"标记范围 2"命令：绘图纸标记显示范围为从当前帧的前两帧开始，到当前帧的后两帧结束，如图 6-199 所示，图形显示效果如图 6-200 所示。

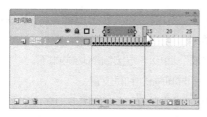
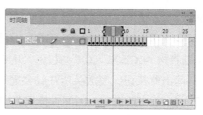

图 6-198   图 6-199   图 6-200

"标记范围 5"命令：绘图纸标记显示范围为从当前帧的前五帧开始，到当前帧的后五帧结束，如图 6-201 所示，图形显示效果如图 6-202 所示。

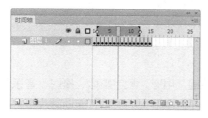

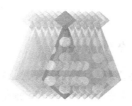

图 6-201

图 6-202

"标记整个范围"命令：绘图纸标记显示范围为时间轴中的所有帧，如图 6-203 所示，图形显示效果如图 6-204 所示。

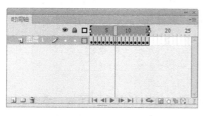

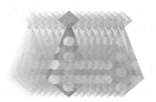

图 6-203

图 6-204

6.3.5 【实战演练】制作时装节目包装动画

使用"矩形"工具和"椭圆"工具，绘制图形并制作动感的背景效果；使用"文本"工具，添加主题文字；使用"任意变形"工具，旋转文字的角度；使用"动作"面板，设置脚本语言。最终效果参看云盘中的"Ch06 > 效果 > 制作时装节目包装动画"，如图 6-205 所示。

微课：制作时装
节目包装动画 1

微课：制作时装
节目包装动画 2

图 6-205

微课：制作时装
节目包装动画 3

微课：制作时装
节目包装动画 4

6.4　综合演练——制作动画片头

6.4.1　【案例分析】

动画是一种综合艺术，它是集合了绘画、漫画、电影、数字媒体、摄影、音乐和文学等众多艺术门类于一身的艺术表现形式，一部动画的制作需要付出很大的努力，而动画片头在动画制作中也起到很重要的作用，本实例要求动画片头能体现出动画片的主旨精神。

6.4.2　【设计理念】

在设计制作过程中，清新文艺的画面风格能带给人清新、舒适的感觉，蓝天的背景起到衬托的作用；少年依偎在大树下，充满对梦想的憧憬与期盼，展现出自在乐观的精神；动画的名称使用渐变效果，在画面中更加突出，让人印象深刻。

6.4.3　【知识要点】

使用"创建传统补间"命令，制作补间动画效果；使用"属性"面板，改变元件的不透明度；使用"帧"命令延长动画的播放时间；使用"声音"文件，添加背景音乐；使用"动作"面板，添加动作脚本。最终效果参看云盘中的"Ch06 > 效果 > 制作动画片头"，如图 6-206 所示。

图 6-206

微课：制作
动画片头 1

微课：制作
动画片头 2

微课：制作
动画片头 3

6.5　综合演练——制作运动小将片头

6.5.1　【案例分析】

片头动画是影视节目前的一个简短展示，运动类影视节目为观众传达坚韧的意志，无尽的热情，以及永不言弃的精神。一个优秀的运动类片头动画制作精良，人物形象生动有趣，积极向上，会激励观众。本例要求为运动小将制作片头，要求设计丰富多样，满足观众的精神需求，能够直接明确地表达影视主题。

6.5.2 【设计理念】

在设计过程中，使用荒漠戈壁的背景烘托运动氛围，很好地传达了影片理念，在这个美丽凶险的演练场里，充分体会到人类的智慧与力量。能够吸引观众的关注。

6.5.3 【知识要点】

使用"线条"工具，制作旧电影效果；使用"属性"面板，改变元件的不透明度；使用"帧"命令延长动画的播放时间；使用"创建传统补间"命令，制作动画效果；使用声音文件添加背景音乐。最终效果参看云盘中的"Ch06 > 效果 > 制作运动小将"，如图 6-207 所示。

图 6-207

微课：制作运动
小将片头 1

微课：制作运动
小将片头 2

07

第 7 章
网页应用

应用 Flash 技术制作的网页打破了以往静止、呆板的网页形式，它将网页与动画、音效和视频相结合，使网页变得丰富多彩并增强了交互性。本章以多个主题的网页为例，介绍网页的设计思路和制作方法。读者通过本章的学习，可以掌握网页设计的要领和技巧，从而制作出不同风格的网页作品。

课堂学习目标

- ✔ 了解网页的表现手法
- ✔ 掌握网页的制作方法和技巧
- ✔ 掌握网页的设计思路和流程

7.1　制作化妆品网页

7.1.1　【案例分析】

化妆品网页主要是介绍化妆品的产品系列和功能特色，其中包括图片和详细的文字讲解。网页的设计要力求表现化妆品的产品特性，营造出潮流的时尚文化品位。

7.1.2　【设计理念】

在设计制作过程中，整体界面应色彩艳丽，给人以时尚年轻的感觉。界面以放射的条纹为背景，充满活力与动感，标签栏能很好地和化妆品呼应，在设计理念上强化了产品的性能和特点。最终效果参看云盘中的"Ch07 > 效果 > 制作化妆品网页"，如图 7-1 所示。

图 7-1

7.1.3　【操作步骤】

1. 绘制标签

步骤❶ 选择"文件 > 新建"命令，弹出"新建文档"对话框，在"常规"选项卡中选择"ActionScript 2.0"选项，将"宽"设为 800，"高"设为 484，"背景颜色"设为黑色，单击"确定"按钮，完成文档的创建。

步骤❷ 在"属性"面板的"发布"选项组中，选择"目标"下拉列表中的"Flash Player 10.3"，如图 7-2 所示。

微课：制作化妆品
网页1

步骤❸ 将"图层 1"重命名为"底图"。选择"文件 > 导入 > 导入到库"命令，在弹出的"导入到库"对话框中，选择云盘中的"Ch07 >素材 > 制作化妆品网页 > 01 ～ 05"文件，单击"打开"按钮，文件被导入"库"面板，如图 7-3 所示。

步骤❹ 在"库"面板下方单击"新建元件"按钮，弹出"创建新元件"对话框，在"名称"文本框中输入"标签"，在"类型"下拉列表中选择"图形"，单击"确定"按钮，新建图形元件"标签"，如图 7-4 所示，舞台窗口也随之转换为图形元件的舞台窗口。

图 7-2

图 7-3

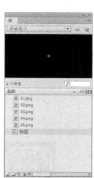

图 7-4

步骤⑤ 选择"矩形"工具 ▣，在矩形工具"属性"面板中，将"笔触颜色"设为白色，"填充颜色"设为绿色（#20B7B9），"笔触"设为 3，其他选项的设置如图 7-5 所示，在舞台窗口绘制一个圆角矩形，效果如图 7-6 所示。

步骤⑥ 选择"选择"工具 ▸，选中圆角矩形的下部，按 Delete 键删除，效果如图 7-7 所示。单击"新建元件"按钮 ▣，新建按钮元件"按钮"。选中"图层 1"的"点击"帧，按 F6 键，插入关键帧。将"库"面板中的图形元件"标签"拖曳到舞台窗口中，效果如图 7-8 所示。

步骤⑦ 在舞台窗口中选中"标签"实例，按 Ctrl+B 组合键，将其打散，选择"选择"工具 ▸，双击边线，将其选中，如图 7-9 所示，按 Delete 键将其删除，效果如图 7-10 所示。

图 7-5   图 7-6   图 7-7   图 7-8   图 7-9   图 7-10

2. 制作影片剪辑

步骤① 单击"新建元件"按钮 ▣，新建影片剪辑元件"产品介绍"。将"图层 1"重命名为"标签"。将"库"面板中的图形元件"标签"向舞台窗口中拖曳 4 次，使各实例保持同一水平高度，效果如图 7-11 所示。

步骤② 选中左边第 1 个"标签"实例，按 Ctrl+B 组合键，将其打散，在工具箱中将"填充颜色"设为红色（#F32989），舞台窗口中的效果如图 7-12 所示。

微课：制作化妆品
网页 2

图 7-11   图 7-12

步骤③ 用"步骤 2"的方法对其他"标签"实例进行操作，将第 2 个标签的"填充颜色"设为紫色（#A339E1），将第 3 个标签的"填充颜色"设为粉色（#FF66CC），将第 4 个标签的"填充颜色"设为洋红色（#FF00FF），效果如图 7-13 所示。选中"标签"图层的第 4 帧，按 F5 键，插入普通帧，如图 7-14 所示。

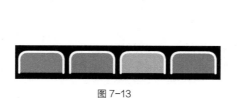 

图 7-13   图 7-14

步骤 ④ 单击"时间轴"面板下方的"新建图层"按钮，创建新图层并命名为"彩色块"。选择"矩形"工具，在舞台窗口中绘制一个圆角矩形，效果如图 7-15 所示。分别选中"彩色块"图层的第 2 帧～第 4 帧，按 F6 键，插入关键帧。

步骤 ⑤ 选中"彩色块"图层的第 1 帧，在舞台窗口中选中圆角矩形，将其"填充颜色"和"笔触颜色"设为与第 1 个标签颜色相同，选择"橡皮擦"工具，在工具箱下方选中"擦除线条"按钮，将矩形与第 1 个标签重合部分擦除，效果如图 7-16 所示。

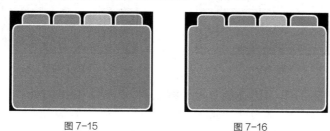

图 7-15   图 7-16

步骤 ⑥ 用"步骤 5"的方法分别对"彩色块"图层的第 2 帧～第 4 帧进行操作，将各帧对应舞台窗口中的矩形颜色分别设为与第 2 个、第 3 个、第 4 个标签颜色相同，并将各矩形与对应标签重合部分的线段删除，效果如图 7-17 所示。

步骤 ⑦ 在"时间轴"面板中创建新图层并命名为"按钮"。将"库"面板中的按钮元件"按钮"向舞台窗口中拖曳 4 次，分别与各彩色标签重合，效果如图 7-18 所示。

图 7-17   图 7-18

步骤 ⑧ 选中从左边数起的第 1 个按钮，选择"窗口 > 动作"命令，在弹出的"动作"面板中设置脚本语言（脚本语言的具体设置可以参考云盘中的实例源文件），"脚本窗口"中的显示效果如图 7-19 所示。

步骤 ⑨ 用"步骤 8"的方法对其他按钮设置脚本语言，只需将脚本语言"gotoAndStop"后面括号中的数字改成相应的帧数即可。

步骤 ⑩ 在"时间轴"面板中创建新图层并命名为"产品介绍"。分别选中"产品介绍"图层的第 2 帧、第 3 帧、第 4 帧，按 F6 键，插入关键帧。选中"产品介绍"图层的第 1 帧，将"库"面板中的位图"05"拖曳到舞台窗口中，效果如图 7-20 所示。

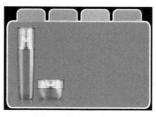

图 7-19   图 7-20

步骤⑪ 选择"文本"工具 **T**，在文本"属性"面板中进行设置，在舞台窗口中输入白色文字，效果如图 7-21 所示。选中"产品介绍"图层的第 2 帧，将"库"面板中的位图"04"拖曳到舞台窗口中，选择"文本"工具 **T**，在文本"属性"面板中进行设置，在舞台窗口中输入白色文字，效果如图 7-22 所示。

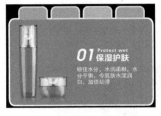

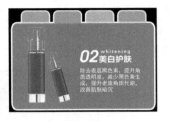

图 7-21 图 7-22

步骤⑫ 选中"产品介绍"图层的第 3 帧，将"库"面板中的图形元件"元件 2"拖曳到舞台窗口中，选择"文本"工具 **T**，在文本"属性"面板中进行设置，在舞台窗口中输入白色文字，效果如图 7-23 所示。选中"产品介绍"图层的第 4 帧，将"库"面板中的图形元件"元件 3"拖曳到舞台窗口中，选择"文本"工具 **T**，在文本"属性"面板中进行设置，在舞台窗口中输入白色文字，效果如图 7-24 所示。

步骤⑬ 在"时间轴"面板中创建新图层并命名为"动作脚本"。选中"动作脚本"图层的第 1 帧，调出"动作"面板，在动作面板中设置脚本语言，"脚本窗口"中显示的效果如图 7-25 所示。设置好动作脚本后，关闭"动作"控制面板，在"动作脚本"图层的第 1 帧上显示一个标记"a"。

图 7-23 图 7-24 图 7-25

3．制作场景动画

步骤① 单击舞台窗口左上方的"场景 1"图标 **场景1**，进入"场景 1"的舞台窗口。将"库"面板中的位图"01"拖曳到舞台窗口中，效果如图 7-26 所示。

步骤② 在"时间轴"面板中创建新图层并命名为"产品介绍"。将"库"面板中的影片剪辑元件"产品介绍"拖曳到舞台窗口中，效果如图 7-27 所示。

微课：制作化妆品
网页 3

步骤③ 在"时间轴"面板中创建新图层并命名为"矩形块"。选择"窗口 > 颜色"命令，弹出"颜色"面板，在"类型"下拉列表中选择"线性渐变"，在色带上设置 3 个控制点，将两边的颜色控制点设为白色，在"Alpha"选项中将其不透明度设为 0，将中间的颜色控制点设为白色，在"Alpha"选项中将其不透明度设为 30%，生成渐变色，如图 7-28 所示。

步骤④ 选择"矩形"工具 **□**，在舞台窗口中绘制一个矩形，效果如图 7-29 所示。在"时间轴"面板中创建新图层并命名为"文字阴影"。

步骤⑤ 选择"文本"工具 **T**，在文本工具"属性"面板中进行设置，在舞台窗口中的适当位置输入大小为 45，字体为"方正风雅宋简体"的灰色（#666666）文字，文字效果如图 7-30 所示。再次在舞台窗口中输入大小为 41、字体为 "Bickham Script Pro" 的灰色（#666666）英文，文字效果如图 7-31 所示。

图 7-26

图 7-27

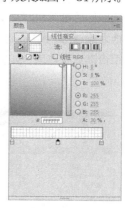
图 7-28

图 7-29

图 7-30

图 7-31

步骤 ⑥ 选中 "文字阴影" 图层，按 Ctrl+C 组合键，复制文字。在 "时间轴" 面板中创建新图层并命名为 "文字"。按 Ctrl+Shift+V 组合键，将复制的文字原位粘贴到 "文字" 图层中。选择 "选择" 工具，将文字拖曳到适当的位置并在工具箱中将 "填充颜色" 设为白色，舞台窗口中的文字也随之改变，效果如图 7-32 所示。

步骤 ⑦ 在 "时间轴" 面板中创建新图层并命名为 "渐变色块"。选择 "窗口 > 颜色" 命令，弹出 "颜色" 面板，在 "类型" 下拉列表中选择 "径向渐变"，在色带上设置 3 个控制点，将两边的颜色控制点设为粉色（#FF99CC），将中间的颜色控制点设为肉色（#FFCCCC），生成渐变色，如图 7-33 所示。

步骤 ⑧ 选择 "矩形" 工具，在舞台窗口中绘制一个矩形，效果如图 7-34 所示。

图 7-32

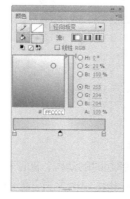
图 7-33

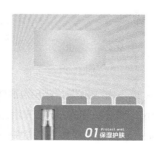
图 7-34

步骤 ⑨ 在"时间轴"面板中将"渐变色块"图层拖曳到"文字"图层的下方，如图 7-35 所示。用鼠标右键单击"文字"图层的名称，在弹出的快捷菜单中选择"遮罩层"命令，将"文字"图层转换为遮罩层，图层"渐变色块"为被遮罩的层，如图 7-36 所示。化妆品网页制作完成，按 Ctrl+Enter 组合键查看效果，如图 7-37 所示。

图 7-35　　　　　　　　　图 7-36　　　　　　　　　图 7-37

7.1.4　【相关工具】

◎ **按钮事件**

新建空白文档，选择"文件 > 打开"命令，在弹出的"打开"对话框中，选择云盘中的"基础素材 > Ch07 > 01"文件，单击"打开"按钮，文件被打开，如图 7-38 所示。

选择"选择"工具 ，在舞台窗口中选中按钮实例，选择"窗口 > 动作"命令，弹出"动作"面板，在面板的左上方将脚本语言版本设置为"ActionScript 1.0&2.0"，在面板中单击"将新项目添加到脚本中"按钮 ，在弹出的菜单中选择"全局函数 > 影片剪辑控制 > on"命令，如图 7-39 所示。

图 7-38

在"脚本窗口"中显示选择的脚本语言，在下拉列表中列出了多种按钮事件，如图 7-40 所示。

图 7-39　　　　　　　　　　　　　　　　图 7-40

press（按下）：按钮被按下的事件。

release（弹起）：按钮被按下后，弹起时的动作，即鼠标按键被释放时的事件。

releaseOutside（在按钮外放开）：将按钮按下后，移动鼠标指针到按钮外面，然后再释放鼠标的事件。

rollOver（指针经过）：鼠标指针经过目标按钮时的事件。

rollOut（指针离开）：鼠标指针进入目标按钮，再离开的事件。

dragOver（拖曳指向）：第 1 步，选中按钮，并按住鼠标左键不放；第 2 步，继续按住鼠标左键并拖曳鼠标到按钮的外面；第 3 步，将鼠标指针再移回到按钮上。

dragOut（拖曳离开）：单击按钮后，按住鼠标左键不放，然后拖曳离开按钮的事件。

keyPress（键盘按下）：当按下键盘上的键时事件发生。在下拉列表中设置了多个键盘按键名称，可以根据需要选择。

7.1.5 【实战演练】制作滑雪网页

使用"导入"命令，导入素材文件；使用"矩形"工具和"文本"工具，制作按钮元件；使用"分散到图层"命令和"创建传统补间"命令，制作导航条动画；使用"动作脚本"命令，添加动作脚本。最终效果参看云盘中的"Ch07 > 效果 > 制作滑雪网页"，如图 7-41 所示。

微课：制作
滑雪网页 1

微课：制作
滑雪网页 2

图 7-41

7.2 制作 VIP 登录界面

7.2.1 【案例分析】

本案例制作阿萨倪服饰网站的会员登录界面，登录该网站后，网站会员可以浏览更多的品牌信息，了解更多的新产品及介绍。网页的设计力求表现出网站丰富的服饰产品，营造出优雅时尚的氛围。

7.2.2 【设计理念】

在设计制作过程中，白色背景显得时尚简洁，营造出淡雅柔和的氛围。时尚模特使页面更具特色，点明了主题，简洁随意的设计为画面添加了质感，给人浪漫和时尚感。导航栏的结构清晰明确，显示出网站丰富的内容。简洁的登录信息设计，大方直观，时尚又不失魅力，让人印象深刻。最终效果参看云盘中的"Ch07 > 效果 > 制作 VIP 登录界面"，如图 7-42 所示。

图 7-42

7.2.3 【操作步骤】

1. 导入素材并制作按钮

步骤① 选择"文件 > 新建"命令，弹出"新建文档"对话框，在"常规"选项卡中选择"ActionScript 2.0"选项，将"宽"设为 600，"高"设为 404，单击"确定"按钮，完成文档的创建。

步骤② 在"属性"面板的"发布"选项组中，选择"目标"下拉列表中的"Flash Player 7"，如图 7-43 所示。

微课：制作 VIP
登录界面 1

步骤③ 将"图层 1"重命名为"底图"。选择"文件 > 导入 > 导入到库"命令，在弹出的"导入到库"对话框中，选择云盘中的"Ch07 > 素材 > 制作 VIP 登录界面 > 01～04"文件，单击"确定"按钮，文件被导入"库"面板，如图 7-44 所示。

步骤④ 按 Ctrl+F8 组合键，弹出"创建新元件"对话框，在"名称"文本框中输入"登录"，在"类型"下拉列表中选择"按钮"选项，如图 7-45 所示，单击"确定"按钮，新建按钮元件登录，舞台窗口也随之转换为按钮元件的舞台窗口。

图 7-43　　　　　　　　　　图 7-44　　　　　　　　　　图 7-45

步骤⑤ 将"库"面板中的位图"02"拖曳到舞台窗口中，效果如图 7-46 所示。单击"时间轴"面板下方的"新建图层"按钮，创建新图层并命名为"文字"。选择"文本"工具，在文本工具"属性"面板中进行设置，在舞台窗口中的适当位置输入大小为 12，字体为"方正兰亭特黑简体"的白色文字，文字效果如图 7-47 所示。

步骤⑥ 选择"图层 1"的"指针经过"帧，按 F5 键，插入普通帧，选中"文字"图层的"指针经过"帧，按 F6 键，插入关键帧，在工具箱中将"填充颜色"设为黄色（#FFFF99），效果如图 7-48 所示。

图 7-46　　　　　　　　　　图 7-47　　　　　　　　　　图 7-48

步骤⑦ 用相同的方制作按钮元件"返回"和"清除"，如图 7-49 和图 7-50 所示。

图 7-49 　　　　　　　　　　　　　　　图 7-50

2. 添加动作脚本

步骤① 单击舞台窗口左上方的"场景 1"图标，进入"场景 1"的舞台窗口。将"库"面板中的位图"01"拖曳到舞台窗口中，效果如图 7-51 所示。单击"时间轴"面板下方的"新建图层"按钮，创建新图层并命名为"按钮"。分别将"库"面板中的按钮元件"登录"和"清除"拖曳到舞台窗口，并放置到适当的位置，效果如图 7-52 所示。

微课：制作 VIP
登录界面 2

图 7-51 　　　　　　　　　　　　　　　　图 7-52

步骤② 选择"文本"工具，在文本工具"属性"面板中进行设置，在舞台窗口中的适当位置输入大小为 12，字体为"黑体"的黑色文字，文字效果如图 7-53 所示。选中文字"找回密码"，如图 7-54 所示，在工具箱中将"填充颜色"设为红色（#CC0000），效果如图 7-55 所示。

图 7-53 　　　　　　　　图 7-54 　　　　　　　　图 7-55

步骤 ③ 单击"时间轴"面板下方的"新建图层"按钮，创建新图层并命名为"输入文本框"。选择"文本"工具，调出文本"属性"面板，选中"文本类型"下拉列表中的"输入文本"，在舞台窗口中绘制一个文本框，如图 7-56 所示。

步骤 ④ 选中文本框，在文本工具"属性"面板"选项"选项组的"变量"文本框中输入"yonghuming"，如图 7-57 所示。

图 7-56　　　　　　　　　　　　　　　图 7-57

步骤 ⑤ 选择"选择"工具，选中文本框，按住 Alt 键的同时拖曳鼠标到适当的位置，复制文本框，如图 7-58 所示。在文本工具"属性"面板"选项"选项组的"变量"文本框中输入"mima"，如图 7-59 所示。

图 7-58　　　　　　　　　　　　　　　图 7-59

步骤 ⑥ 选中"输入文本框"图层的第 1 帧，选择"窗口 > 动作"命令，弹出"动作"面板，单击"将新项目添加到脚本中"按钮，在弹出的菜单中选择"全局函数 > 时间轴控制 > stop"命令。在"脚本窗口"中显示选择的脚本语言，如图 7-60 所示。设置好动作脚本后，关闭"动作"面板。在"动作脚本"图层的第 1 帧显示一个标记"a"。

步骤 ⑦ 单击"时间轴"面板下方的"新建图层"按钮，创建新图层并命名为"密码错误页"。选中"密码错误页"的第 2 帧，按 F6 键，插入关键帧，将"库"面板中的位图"03"拖曳到舞台窗口中，效果如图 7-61 所示。

图 7-60　　　　　　　　　　　　　　　图 7-61

步骤 ⑧ 选择"文本"工具 $\boxed{T}$，在文本工具"属性"面板中进行设置，在舞台窗口中的适当位置输入大小为 13，字体为"黑体"的黑色文字，文字效果如图 7-62 所示。将"库"面板中的按钮元件"返回"拖曳到舞台窗口中，效果如图 7-63 所示。

步骤 ⑨ 选中"密码错误页"的第 2 帧，选择"窗口 > 动作"命令，弹出"动作"面板，单击"将新项目添加到脚本中"按钮 $\boxed{\oplus}$，在弹出的菜单中选择"全局函数 > 时间轴控制 > stop"命令。在"脚本窗口"中显示选择的脚本语言，如图 7-64 所示。设置好动作脚本后，关闭"动作"面板。在"动作脚本"图层的第 2 帧显示出一个标记"a"。

图 7-62　　　　　　　　　　　图 7-63　　　　　　　　　　　图 7-64

步骤 ⑩ 选中"密码错误页"的第 3 帧，按 F7 键，插入空白关键帧，将"库"面板中的位图"04"拖曳到舞台窗口中，效果如图 7-65 所示。

步骤 ⑪ 选中"密码错误页"的第 3 帧，选择"窗口 > 动作"命令，弹出"动作"面板，单击"将新项目添加到脚本中"按钮 $\boxed{\oplus}$，在弹出的菜单中选择"全局函数 > 时间轴控制 > stop"命令。在"脚本窗口"中显示选择的脚本语言，如图 7-66 所示。设置好动作脚本后，关闭"动作"面板。在"动作脚本"图层的第 3 帧显示一个标记"a"。

图 7-65　　　　　　　　　　　　　　　图 7-66

步骤 ⑫ 选中"按钮"图层的第 1 帧，在舞台窗口中选择"登录"实例，选择"窗口 > 动作"命令，弹出"动作"面板，在"动作"面板中设置脚本语言，"脚本窗口"中的显示效果如图 7-67 所示。

步骤 ⑬ 在舞台窗口中选择"清除"实例，在"动作"面板中设置脚本语言，"脚本窗口"显示的效果如图 7-68 所示。

步骤 ⑭ 选中"密码错误页"图层的第 2 帧，在舞台窗口中选择"返回"实例，在"动作"面板中设置脚本语言，"脚本窗口"显示的效果如图 7-69 所示。设置好动作脚本后，关闭"动作"面板。VIP 登录界面制作完成，按 Ctrl+Enter 组合键查看效果，如图 7-70 所示。

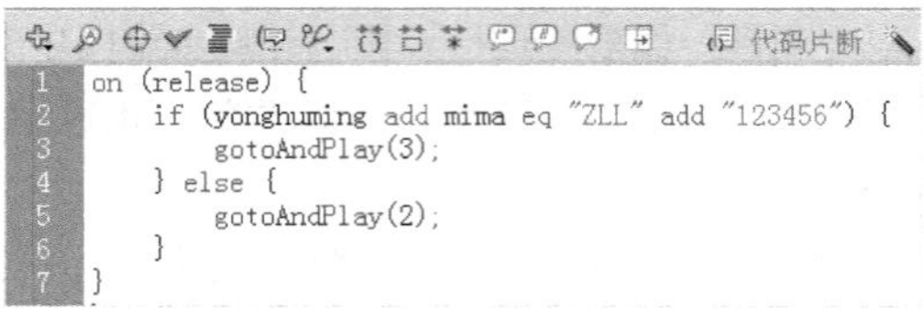

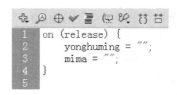

图 7-67

图 7-68

图 7-69

图 7-70

7.2.4 【相关工具】

1. 输入文本

选择"输入文本"选项，"属性"面板如图 7-71 所示。

"将文本呈现为 HTML"按钮：文本支持 HTML 标签特有的字体格式、超链接等超文本格式。

"在文本周围显示边框"按钮：可以为文本设置白色的背景和黑色的边框。

"行为"下拉列表：其中新增加了"密码"选项，选择此选项后，当文件输出为 SWF 格式时，影片中的文字将显示为星号。

"最大字符数"文本框：可以设置输入文字的最大字符数，默认值为 0，即为不限制。如设置数值，则此数值即为输出 SWF 影片时，显示文字的最大字符数。

图 7-71

"变量"文本框：可以在该文本框中定义保存字符串数据的变量，此选项需结合动作脚本使用。

2. 添加使用命令

步骤① 新建空白文档。选择"文件 > 导入 > 导入到库"命令，将"02"文件导入"库"面板。选择"矩形"工具，在矩形"属性"面板中，将"笔触颜色"设为深绿色（#336666），"填充颜色"设为淡绿色（#00CCCC），"笔触"设为 3，其他选项的设置如图 7-72 所示。在舞台窗口绘制一个圆角矩形，效果如图 7-73 所示。

步骤② 选择"文本"工具，调出文本工具"属性"面板，在"文本类型"下拉列表中选择"输入文本"，其他选项的设置如图 7-74 所示。

| 图 7-72 | 图 7-73 | 图 7-74 |

步骤 ③ 在舞台窗口中拖曳出长的文本框，输入文字"输入密码"，效果如图 7-75 所示。选择"选择"工具 ▶，在舞台窗口中选择文本框，在输入文本"属性"面板中的"实例名称"文本框中输入"info"，如图 7-76 所示。

| 图 7-75 | 图 7-76 |

步骤 ④ 单击舞台窗口的任意位置，取消对动态文本的选择。选择"文本"工具 T，在文本工具"属性"面板中的"文本类型"下拉列表中选择"输入文本"，其他选项值不变，在文字"输入密码"的下方拖曳出一个文本框，效果如图 7-77 所示。

步骤 ⑤ 选择"选择"工具 ▶，选中刚拖曳出的文本框，在文本工具"属性"面板中的"实例名称"文本框中输入"secret"，在"段落"选项组的"行为"下拉列表中选择"密码"。单击"在文本周围显示边框"按钮 ▣，如图 7-78 所示。

| 图 7-77 | 图 7-78 |

步骤 ⑥ 按 Ctrl+F8 组合键，弹出"创建新元件"对话框，在"名称"文本框中输入"确定"，在"类型"下拉列表中选择"按钮"选项，单击"确定"按钮，新建按钮元件"确定"，舞台窗口也随之

转换为按钮元件的舞台窗口。选择"矩形"工具 ▣，在矩形工具"属性"面板中将"笔触颜色"设为黄色（#FFCC00），"填充颜色"设为亮绿色（#7DFFFF），"笔触"设为 2，其他选项的设置如图 7-79 所示。在舞台窗口中绘制一个圆角矩形，效果如图 7-80 所示。

图 7-79　　　　　　　　　　　图 7-80

步骤 ❼ 选择"文本"工具 T，在文本工具"属性"面板中的"文本类型"下拉列表中选择"静态文本"，在舞台窗口中的适当位置输入大小为 34，字体为"汉仪中隶书简"的黑色文字，文字效果如图 7-81 所示。

步骤 ❽ 选中"图层 1"的"指针经过"帧，按 F6 键，插入关键帧。选择"选择"工具 ▶，在舞台窗口中选择"确定"文字，在工具箱中将"填充颜色"设为红色（#D52424），文字颜色也随之改变，效果如图 7-82 所示。单击舞台窗口左上方的"场景 1"图标 ，进入"场景 1"的舞台窗口。将"库"面板中的按钮元件"确定"拖曳到舞台窗口中，效果如图 7-83 所示。

图 7-81　　　　　　图 7-82　　　　　　图 7-83

步骤 ❾ 选择"窗口 > 动作"命令，弹出"动作"面板（其快捷键为 F9 键），在面板的左上方将脚本语言版本设置为"ActionScript 1.0&2.0"，在"脚本窗口"中设置以下脚本语言。

```
on (release) {
    if(secret.text=="1234")        //其中"1234"表示输入的正确密码信息
{gotoAndPlay(2);}
else
{secret.text="";
times=times-1;
info.text="密码错误！还有"+times+"次机会";
}
if(times==0) gotoAndStop(3);
}
```

"动作"面板中的效果如图 7-84 所示。

步骤 ❿ 分别选中"图层 1"的第 2 帧、第 3 帧，按 F7 键，插入空白关键帧。选中第 2 帧，将"库"面板中的位图"02"拖曳到舞台窗口中，效果如图 7-85 所示。选中第 3 帧，选择"文本"工具 T，在文本工具"属性"面板的"文本类型"下拉列表中选择"静态文本",在舞台窗口中的适当位置输入大小为 34,字体为"汉仪中隶书简"的黑色文字,文字效果如图 7-86 所示。

步骤 ⑪ 选中"图层 1"的第 1 帧,选择"窗口 > 动作"命令,弹出"动作"面板,在"脚本窗口"中设置以下脚本语言。

```
stop( );
var times=5;
```

"动作"面板中的效果如图 7-87 所示。

图 7-84   图 7-85   图 7-86

步骤 ⑫ 选中"图层 1"的第 2 帧,在"脚本窗口"中设置脚本语言,效果如图 7-88 所示。选中"时间轴"面板中的第 3 帧,在"脚本窗口"中设置脚本语言,效果如图 7-89 所示。"时间轴"面板中的效果如图 7-90 所示。

图 7-87   图 7-88   图 7-89   图 7-90

步骤 ⑬ 按 Ctrl+Enter 组合键查看动画效果。在动画开始界面的密码框中输入密码,效果如图 7-91 所示。当密码输入正确时,可以看"02"图片,效果如图 7-92 所示。当密码输入错误时,会出现提醒语句,效果如图 7-93 所示。

此动画设定 5 次重新输入密码的机会,当 5 次都输入错误时,会出现提示语句,表示已经不能再重新输入密码,效果如图 7-94 所示。

图 7-91   图 7-92   图 7-93   图 7-94

7.2.5　【实战演练】制作会员登录界面

使用"导入"命令，导入图片；使用"按钮"元件，制作按钮效果；使用"文本"工具，添加输入文本框；使用"动作"面板，为按钮组件添加脚本语言。最终效果参看云盘中的"Ch07 > 效果 > 制作会员登录界面"，如图 7-95 所示。

微课：制作会员
登录界面

图 7-95

7.3　综合演练——制作优选购物网页

7.3.1　【案例分析】

目前网购的人越来越多，各种购物网页也随之出现，本案例要求注意界面的美观和布局的合理，操作方式简单合理，方便用户浏览和操作。

7.3.2　【设计理念】

在设计制作过程中，使用深粉色与淡黄色作为网页的主要色彩，营造出甜美、可爱的画面感，同时给人时尚、精致和品位感；将导航栏放在上方，清晰美观并且有利于用户浏览；通过素材和文字的搭配体现网页的时尚和趣味。

7.3.3　【知识要点】

使用"导入"命令，导入素材并制作图形元件；使用"文本"工具，制作按钮元件；使用"创建传统补间"命令，制作补间动画效果；使用"遮罩"命令，制作文字动画效果；使用"属性"面板，设置实例的不透明度及动画的旋转角度；使用"变形"面板，改变实例的角度。最终效果参看云盘中的"Ch07 > 效果 > 制作优选购物网页"，如图 7-96 所示。

微课：制作优选
购物网页 1

微课：制作优选
购物网页 2

微课：制作优选
购物网页 3

微课：制作优选
购物网页 4

微课：制作优选
购物网页 5

图 7-96

7.4 综合演练——制作教育网页

7.4.1 【案例分析】

因为教育网页的设计要围绕教育主题，主要针对少年儿童的教育问题，所以设计上既要简单，又要充满乐趣，以直观的方式传达教育理念。

7.4.2 【设计理念】

在设计制作过程中，画面采用淡雅柔和的色彩营造出温馨、舒适的氛围；可爱的孩子与手绘的插画相结合，使画面充满童真、童趣；画面大片的留白突出宣传的主体；简洁的用户登录窗口方便用户操作。

7.4.3 【知识要点】

使用"矩形"工具，绘制按钮图形；使用"文本"工具，创建输入文本框；使用"脚本"语言，控制页面的变化。最终效果参看云盘中的"Ch07 > 效果 > 制作教育网页"，如图 7-97 所示。

微课：制作
教育网页

图 7-97

08 第 8 章 组件与引导层

在 Flash CS6 中，系统预先设定了组件、引导层等功能来协助用户制作动画，从而提高制作效率。本章将介绍组件和引导层的分类及使用方法。读者通过本章的学习，可以了解并掌握如何应用系统的自带功能高效地完成教学组件和引导动画的制作。

课堂学习目标

- ✔ 了解组件和引导动画的表现手法
- ✔ 掌握组件和引导动画的制作方法和技巧
- ✔ 掌握组件和引导动画的设计思路和流程

8.1 制作脑筋急转弯问答题

8.1.1 【案例分析】

脑筋急转弯问答是一种新型的网络信息交流服务平台，它以互动的形式提供脑筋急转弯问答及分享个人知识的服务，要求设计突出趣味性。

8.1.2 【设计理念】

在设计制作过程中，整体界面采用手绘插画的形式，蓝色的渐变背景使页面清爽干净，龟兔赛跑的插画富有童趣，表现出活泼、轻松的氛围。明亮的色彩使观看者眼前一亮。通过问答题目选项和按钮点明设计的主题，完成交互设计。最终效果参看云盘中的"Ch08 > 效果 > 制作脑筋急转弯问答题"，如图 8-1 所示。

微课：制作脑筋急转弯问答题

图 8-1

8.1.3 【操作步骤】

1. 导入素材制作按钮元件

步骤❶ 选择"文件 > 新建"命令，弹出"新建文档"对话框，在"常规"选项卡中选择"ActionScript 2.0"选项，将"宽"设为 500，"高"设为 300，如图 8-2 所示，单击"确定"按钮，完成文档的创建。将"图层 1"重命名为"底图"。

步骤❷ 选择"文件 > 导入 > 导入到舞台"命令，在弹出的"导入"对话框中，选择云盘中的"Ch08 > 素材 > 制作脑筋急转弯问答 > 01"文件，单击"打开"按钮，文件被导入舞台窗口，效果如图 8-2 所示。选中"底图"图层的第 3 帧，按 F5 键，插入普通帧，如图 8-3 所示。

步骤❸ 按 Ctrl+F8 组合键，弹出"创建新元件"对话框，在"名称"文本框中输入"下一题"，在"类型"下拉列表中选择"按钮"选项，单击"确定"按钮，新建按钮元件"下一题"，如图 8-4 所示。舞台窗口也随之转换为按钮元件的舞台窗口。

步骤❹ 选择"文本"工具 T，在文本工具"属性"面板中进行设置，在舞台窗口中的适当位置输入大小为 12，字体为"方正大黑简体"的蓝色（#0033FF）文字，文字效果如图 8-5 所示。选中"点击"帧，按 F6 键，插入关键帧。

图 8-2

图 8-3

图 8-4

步骤⑤ 选择"矩形"工具 □，在工具箱中将"笔触颜色"设为无，"填充颜色"设为灰色（#999999），在舞台窗口中绘制一个矩形，效果如图 8-6 所示。

图 8-5   图 8-6

2. 输入文字

步骤① 单击舞台窗口左上方的"场景 1"图标 ，进入"场景 1"的舞台窗口。在"时间轴"面板中创建新图层并命名为"按钮"，如图 8-7 所示。将"库"面板中的按钮元件"下一题"拖曳到舞台窗口中，放置在底图的右下角，效果如图 8-8 所示。

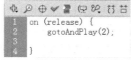

图 8-7

图 8-8

步骤② 选中"按钮"图层的第 2 帧、第 3 帧，按 F6 键，插入关键帧。选中"按钮"图层的第 1 帧，选择"选择"工具 ，在舞台窗口选择"下一题"实例，选择"窗口 > 动作"命令，在"动作"面板的"脚本窗口"中输入脚本语言，"动作"面板中的效果如图 8-9 所示。

步骤③ 选中第 2 帧，选中舞台窗口中的"下一题"实例，在"动作"面板的"脚本窗口"中输入脚本语言，"动作"面板中的效果如图 8-10 所示。选中第 3 帧，选中舞台窗口中的"下一题"实例，在"动作"面板的"脚本窗口"中输入脚本语言，"动作"面板中的效果如图 8-11 所示。

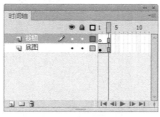

```
1  on (release) {
2      gotoAndPlay(2);
3
4  }
```

图 8-9

```
1  on (release) {
2      gotoAndPlay(3);
3
4  }
```

图 8-10

```
1  on (release) {
2      gotoAndPlay(1);
3
4  }
```

图 8-11

步骤④ 在"时间轴"面板中创建新图层并命名为"标题"。选择"文本"工具 T ，在文本工具"属性"面板中进行设置，在舞台窗口中的适当位置输入大小为 24，字体为"方正大黑简体"的白色文字，文字效果如图 8-12 所示。

步骤⑤ 在"时间轴"面板中创建新图层并命名为"问题"。在文本工具"属性"面板中进行设置，在舞台窗口中的适当位置输入大小为 16，字体为"黑体"的黑色文字，文字效果如图 8-13 所示。

图 8-12

图 8-13

步骤⑥ 再次输入大小为 15，字体为"汉仪竹节体简"的黑色文字，文字效果如图 8-14 所示。选择"文本"工具 T ，调出文本工具"属性"面板，在"文本类型"下拉列表中选择"动态文本"，如图 8-15 所示。

图 8-14

图 8-15

步骤⑦ 在舞台窗口中文字"答案"的右侧拖曳出一个动态文本框，效果如图 8-16 所示。选中动态文本框，调出动态文本"属性"面板，在"选项"选项组中的"变量"文本框中输入"answer"，如图 8-17 所示。

图 8-16

图 8-17

步骤⑧ 分别选中"问题"图层的第 2 帧和第 3 帧，按 F6 键，插入关键帧。选中第 2 帧，将舞台窗口中的文字"1、什么样的路不能走?"更改为"2、世界上除了火车啥车最长?"，效果如图 8-18 所示。

步骤❾ 选中"问题"图层的第 3 帧，将舞台窗口中文字"1、什么样的路不能走?"更改为"3、哪儿的海不产鱼?"，效果如图 8-19 所示。在"时间轴"中创建新图层并命名为"答案"。

图 8-18　　　　　　　　　　　　　　　　　图 8-19

3. 添加组件

步骤❶ 选择"窗口 > 组件"命令，弹出"组件"面板，选中"User Interface"组中的"Button"组件，如图 8-20 所示。将"Button"组件拖曳到舞台窗口中，并放置在适当的位置，效果如图 8-21 所示。

图 8-20　　　　　　　　　　　　图 8-21

步骤❷ 选中"Button"组件，选择组件"属性"面板，在"组件参数"组中的"label"文本框中输入"确定"，如图 8-22 所示。"Button"组件上的文字变为"确定"，效果如图 8-23 所示。

步骤❸ 选中"Button"组件，选择"窗口 > 动作"命令，在"动作"面板的"脚本窗口"中输入脚本语言，"动作"面板中的效果如图 8-24 所示。选中"答案"图层的第 2 帧、第 3 帧，按 F6键，插入关键帧。

图 8-22　　　　　　　　　　图 8-23　　　　　　　　图 8-24

步骤④ 选中"答案"图层的第 1 帧,在"组件"面板中,选中"User Interface"组中的"CheckBox"组件⊠,如图 8-25 所示。将"CheckBox"组件拖曳到舞台窗口中,并放置在适当的位置,效果如图 8-26 所示。

图 8-25 图 8-26

步骤⑤ 选中"CheckBox"组件,选择组件"属性"面板,在"实例名称"文本框中输入"gonglu",在"组件参数"组中的"label"文本框中输入"公路",如图 8-27 所示。"CheckBox"组件上的文字变为"公路",效果如图 8-28 所示。

图 8-27 图 8-28

步骤⑥ 用相同的方法再将 1 个"CheckBox"组件拖曳到舞台中,在组件"属性"面板的"实例名称"文本框中输入"shuilu",在"组件参数"组中的"label"文本框中输入"水路",如图 8-29 所示。

步骤⑦ 再将 1 个"CheckBox"组件拖曳到舞台窗口中,在组件"属性"面板的"实例名称"文本框中输入"dianlu",在"组件参数"组中的"label"文本框中输入"电路",如图 8-30 所示,舞台窗口中组件的效果如图 8-31 所示。

图 8-29 图 8-30 图 8-31

步骤⑧ 在舞台窗口中选中组件"公路"，在"动作"面板的"脚本窗口"中输入脚本语言，"动作"面板中的效果如图 8-32 所示。在舞台窗口中选中组件"水路"，在"动作"面板的"脚本窗口"中输入脚本语言，"动作"面板中的效果如图 8-33 所示。在舞台窗口中选中"电路"，在"动作"面板的"脚本窗口"中输入脚本语言，"动作"面板中的效果如图 8-34 所示。

图 8-32　　　　　　　　　图 8-33　　　　　　　　　图 8-34

步骤⑨ 选中"答案"图层的第 2 帧，将"组件"面板中的"CheckBox"组件 拖曳到舞台窗口中。在组件"属性"面板的"实例名称"文本框中输入"qiche"，在"组件参数"组中的"label"文本框中输入"汽车"，如图 8-35 所示，舞台窗口中组件的效果如图 8-36 所示。

图 8-35　　　　　　　　　　　　　　　图 8-36

步骤⑩ 用相同的方法再将 1 个"CheckBox"组件拖曳到舞台窗口中，在组件"属性"面板的"实例名称"文本框中输入"saiche"，在"组件参数"组中的"label"文本框中输入"塞车"，如图 8-37 所示。

步骤⑪ 再将 1 个"CheckBox"组件拖曳到舞台窗口中，在组件"属性"面板的"实例名称"文本框中输入"dianche"，在"组件参数"组中的"label"文本框中输入"电车"，如图 8-38 所示，舞台窗口中组件的效果如图 8-39 所示。

图 8-37　　　　　　　　　图 8-38　　　　　　　　　图 8-39

步骤⑫ 在舞台窗口中选中组件"汽车"，在"动作"面板的"脚本窗口"中输入脚本语言，"动作"面板中的效果如图 8-40 所示。在舞台窗口中选中组件"塞车"，在"动作"面板的"脚本窗口"

中输入脚本语言，"动作"面板中的效果如图 8-41 所示。在舞台窗口中选中"电车"，在"动作"面板的"脚本窗口"中输入脚本语言，"动作"面板中的效果如图 8-42 所示。

图 8-40　　　　　　　　　图 8-41　　　　　　　　　图 8-42

步骤 ⑬ 选中"答案"图层的第 3 帧，将"组件"面板中的"CheckBox"组件⊠拖曳到舞台窗口中。在组件"属性"面板的"实例名称"文本框中输入"donghai"，在"组件参数"组中的"label"文本框中输入"东海"，如图 8-43 所示，舞台窗口中组件的效果如图 8-44 所示。

步骤 ⑭ 用相同的方法再将 1 个"CheckBox"组件拖曳到舞台窗口中，在组件"属性"面板的"实例名称"文本框中输入"beihai"，在"组件参数"组中的"label"文本框中输入"北海"，如图 8-45 所示。

图 8-43　　　　　　　　　图 8-44　　　　　　　　　图 8-45

步骤 ⑮ 再将 1 个"CheckBox"组件拖曳到舞台窗口中，在组件"属性"面板的"实例名称"文本框中输入"cihai"，在"组件参数"组中的"label"文本框中输入"辞海"，如图 8-46 所示，舞台窗口中组件的效果如图 8-47 所示。

图 8-46　　　　　　　　　图 8-47

步骤 ⑯ 在舞台窗口中选中组件"东海"，在"动作"面板的"脚本窗口"中输入脚本语言，"动作"面板中的效果如图 8-48 所示。在舞台窗口中选中组件"北海"，在"动作"面板的"脚本窗口"中输入脚本语言，"动作"面板中的效果如图 8-49 所示。在舞台窗口中选中"辞海"，在"动作"面板的"脚本窗口"中输入脚本语言，"动作"面板中的效果如图 8-50 所示。

图8-48　　　　　　　　　图8-49　　　　　　　　　图8-50

步骤⑰ 在"时间轴"面板中创建新图层并命名为"动作脚本"。选中"动作脚本"图层的第2帧、第3帧，按F6键，插入关键帧。选中"动作脚本"图层的第1帧，在"动作"面板的"脚本窗口"中输入脚本语言，"动作"面板中的效果如图8-51所示。

步骤⑱ 选中"动作脚本"图层的第2帧，在"动作"面板的"脚本窗口"中输入脚本语言，"动作"面板中的效果如图8-52所示。

步骤⑲ 选中"动作脚本"图层的第3帧，在"动作"面板的"脚本窗口"中输入脚本语言，"动作"面板中的效果如图8-53所示。脑筋急转弯问答题制作完成，按Ctrl+Enter组合键查看效果。

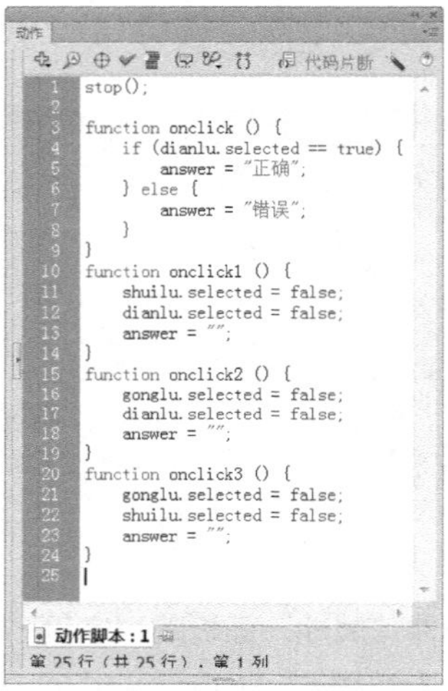

图8-51 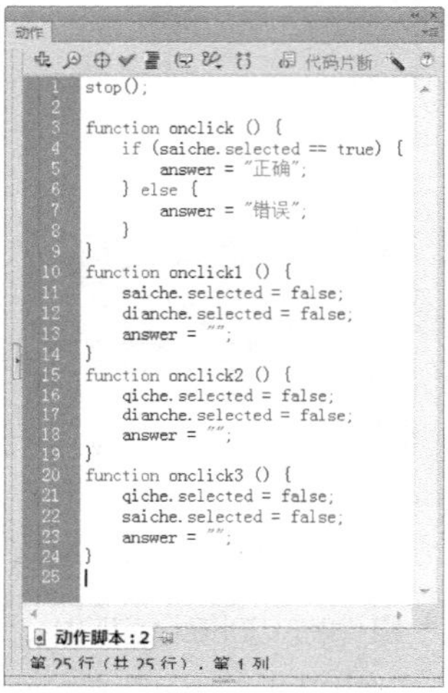　　　　　　　　　图8-52 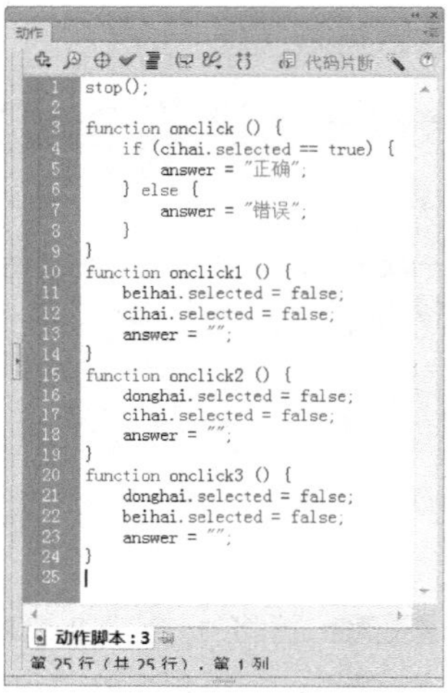　　　　　　　　　图8-53

8.1.4 【相关工具】

◎ "Button"组件

"Button"组件用于创建可调整大小的矩形用户界面按钮，可以给按钮添加一个自定义图标，也可以将按钮的行为从按下改为切换。在单击切换按钮后，它将保持按下状态，直到再次单击时，才会返回弹起状态。可以在应用程序中启用或者禁用按钮。在禁用状态下，按钮不接收鼠标或键盘输入。

在"组件"面板中，将Button组件拖曳到舞台窗口中，如图8-54所示。在"属性"面板中，显示组件的参数，如图8-55所示。

"emphasized"选项：设置组件是否加重显示。

"enabled"选项：设置组件是否为激活状态。

"label"选项：设置组件上显示的文字，默认状态下为"Button"。

"labelPlacement"选项：确定组件上的文字相对于图标的方向。

"selected"选项：如果"toggle"参数值为true，则该参数指定组件是处于按下状态true，还是释放状态false。

图 8-54　　　　　　　　　　　　　　　　图 8-55

"toggle"选项：将组件转变为切换开关。如果参数值为 true，那么按钮在按下后保持按下状态，直到再次按下时，才返回弹起状态；如果参数值为 false，那么按钮的行为与普通按钮相同。

"visible"选项：设置组件的可见性。

◎　"CheckBox"组件 ☑

复选框是一个可以选中或取消选中的方框。可以在应用程序中启用或者禁用复选框。如果复选框已启用，用户单击它或者它的名称，复选框会出现对号标记☑，显示为选中状态。如果用户在复选框或其名称上按下鼠标后，将鼠标指针移动到复选框或其名称的边界区域之外，那么复选框没有被选中，也不会出现对号标记☑。如果复选框被禁用，它会显示禁用状态，而不响应用户的交互操作。在禁用状态下，按钮不接收鼠标或键盘输入。

在"组件"面板中，将 CheckBox 组件☑拖曳到舞台窗口中，如图 8-56 所示。在"属性"面板中显示组件的参数，如图 8-57 所示。

"enabled"选项：设置组件是否为激活状态。

"label"选项：设置组件的名称，默认状态下为"CheckBox"。

"labelPlacement"选项：设置名称相对于组件的位置，默认状态下，名称在组件的右侧。

"selected"选项：将组件的初始值设为选中或取消选中。

"visible"选项：设置组件的可见性。

下面介绍 CheckBox 组件☑的应用。

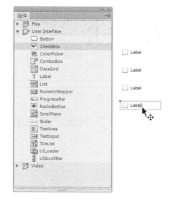

图 8-56　　　　　　　　　　　　　　　　图 8-57

　　将 CheckBox 组件 拖曳到舞台窗口中，选择"属性"面板，在"label"文本框中输入"星期一"，如图 8-58 所示，组件的名称也随之改变，如图 8-59 所示。

　　用相同的方法再制作 3 个组件，如图 8-60 所示。按 Ctrl+Enter 组合键测试，可以随意勾选多个复选框，如图 8-61 所示。

　　在"labelPlacement"下拉列表中可以选择名称相对于复选框的位置，如果选择"left"，那么名称在复选框的左侧，如图 8-62 所示。

　　如果勾选"星期一"组件的"selected"选项，那么"星期一"复选框的初始状态为选中，如图 8-63 所示。

图 8-58　　　　　　图 8-59　　图 8-60　　图 8-61　　图 8-62　　图 8-63

8.1.5　【实战演练】制作美食知识问答

　　使用"文本"工具，添加文字；使用"组件"面板，添加组件；使用"动作"面板，添加动作脚本。最终效果参看云盘中的"Ch08 > 效果 > 制作美食知识问答"，如图 8-64 所示。

微课：制作美食
知识问答

图 8-64

8.2　制作"蒲公英的季节"公益宣传片

8.2.1　【案例分析】

　　"蒲公英的季节"公益宣传片是为了宣传节能环保的理念，在界面的设计上要体现出低碳、节能的理念。

8.2.2　【设计理念】

　　在设计制作过程中，以一幅自然风景作为背景，使画面充满自然的气息，蒲公英飞舞的动画效果增加了画面的活泼感和生动性。画面整体以绿色为主，主题明确，观看舒适，画面简单精巧，寓教于乐。最终效果参看云盘中的"Ch08 > 效果 >制作蒲公英的季节"公益宣传片，如图 8-65 所示。

图 8-65

8.2.3 【操作步骤】

1. 导入图片

步骤① 选择"文件 > 新建"命令，弹出"新建文档"对话框，在"常规"选项卡中选择"ActionScript 3.0"选项，将"宽"设为 505，"高"设为 464，"背景颜色"设为黑色，如图 5-2 所示，单击"确定"按钮，完成文档的创建。

微课：制作
"蒲公英的季节"1

步骤② 在"库"面板中新建图形元件"蒲公英"，如图 8-66 所示，舞台窗口也随之转换为图形元件的舞台窗口。选择"文件 > 导入 > 导入舞台"命令，在弹出的"导入"对话框中，选择云盘中的"Ch08 > 素材 > 制作'蒲公英的季节'公益宣传片 > 02"文件，单击"打开"按钮，文件被导入舞台窗口，如图 8-67 所示。

步骤③ 在"库"面板中新建影片剪辑元件"动 1"，如图 8-68 所示，舞台窗口也随之转换为影片剪辑元件的舞台窗口。

图 8-66   图 8-67   图 8-68

步骤④ 在"图层 1"上单击鼠标右键，在弹出的快捷菜单中选择"添加传统运动引导层"命令，效果如图 8-69 所示。选择"钢笔"工具，在工具箱中将"笔触颜色"设为绿色（#00FF00），在舞台窗口中绘制一条曲线，效果如图 8-70 所示。

步骤⑤ 选中"图层 1"的第 1 帧，将"库"面板中的图形元件"蒲公英"拖曳到舞台窗口中曲线的下方端点，效果如图 8-71 所示。选中引导层的第 85 帧，按 F5 键，插入普通帧。

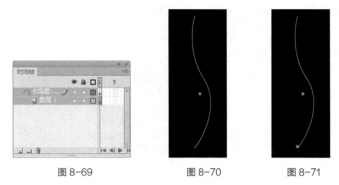

图 8-69　　　　　　　　图 8-70　　　　　　　　图 8-71

步骤 ⑥ 选中"图层 1"的第 85 帧，按 F6 键，插入关键帧，在舞台窗口中选中"蒲公英"实例，将其拖曳到曲线的上方端点。用鼠标右键单击"图层 1"的第 1 帧，在弹出的快捷菜单中选择"创建传统补间"命令，生成传统补间动画。

步骤 ⑦ 在"库"面板中新建影片剪辑元件"动 2"。在"图层 1"上单击鼠标右键，在弹出的快捷菜单中选择"添加传统运动引导层"命令。选中传统引导层的第 1 帧，选择"钢笔"工具 ，在舞台窗口中绘制一条曲线，效果如图 8-72 所示。

步骤 ⑧ 选中"图层 1"的第 1 帧，将"库"面板中的图形元件"蒲公英"拖曳到舞台窗口中曲线的下方端点。选中引导层的第 83 帧，按 F5 键，插入普通帧。选中"图层 1"的第 83 帧，按 F6 键，插入关键帧，在舞台窗口中选中"蒲公英"实例，将其拖曳到曲线的上方端点。

步骤 ⑨ 用鼠标右键单击"图层 1"的第 1 帧，在弹出的快捷菜单中选择"创建传统补间"命令，生成传统补间动画。

步骤 ⑩ 在"库"面板中新建影片剪辑元件"动 3"。在"图层 1"上单击鼠标右键，在弹出的快捷菜单中选择"添加传统运动引导层"命令，如图 8-73 所示。选中传统引导层的第 1 帧，选择"钢笔"工具 ，在舞台窗口中绘制一条曲线，效果如图 8-74 所示。

图 8-72　　　　　　　　图 8-73　　　　　　　　图 8-74

步骤 ⑪ 选中"图层 1"的第 1 帧，将"库"面板中的图形元件"蒲公英"拖曳到舞台窗口中曲线的下方端点。选中引导层的第 85 帧，按 F5 键，插入普通帧。选中"图层 1"的第 85 帧，按 F6 键，插入关键帧，在舞台窗口中选中"蒲公英"实例，将其拖曳到曲线的上方端点。

步骤 ⑫ 用鼠标右键单击"图层 1"的第 1 帧，在弹出的快捷菜单中选择"创建传统补间"命令，生成传统补间动画。

步骤 ⑬ 在"库"面板中新建影片剪辑元件"一起动"。将"图层 1"重命名为"1"。分别将"库"面板中的影片剪辑元件"动 1""动 2""动 3"向舞台窗口中拖曳 2~3 次，并调整到合适的大小，效果如图 8-75 所示。选中"1"图层的第 80 帧，按 F5 键，插入普通帧。

步骤 ⑭ 在"时间轴"面板中创建新图层并命名为"2"。选中"2"图层的第 10 帧，按 F6 键，插入关键帧。分别将"库"面板中的影片剪辑元件"动 1""动 2""动 3"向舞台窗口中拖曳 2~3 次，并调整到合适的大小，效果如图 8-76 所示。

图 8-75 图 8-76

步骤 ⑮ 继续在"时间轴"面板中创建 4 个新图层并分别命名为"3""4""5""6"。分别选中"3"图层的第 20 帧、"4"图层的第 30 帧、"5"图层的第 40 帧、"6"图层的第 50 帧，按 F6 键，插入关键帧。分别将"库"面板中的影片剪辑元件"动 1""动 2""动 3"向选中的帧对应的舞台窗口中拖曳 2~3 次，并调整到合适的大小，效果如图 8-77 所示。

步骤 ⑯ 在"时间轴"面板中创建新图层并命名为"动作脚本"。选中"动作脚本"图层的第 80 帧，按 F6 键，插入关键帧。选择"窗口 > 动作"命令，弹出"动作"面板，在面板的左上方将脚本语言版本设置为"ActionScript 1.0 & 2.0"，在面板中单击"将新项目添加到脚本中"按钮 ⊞，在弹出的菜单中依次选择"全局函数 > 时间轴控制 > stop"命令，在"脚本窗口"中显示选择的脚本语言，如图 8-78 所示。设置好动作脚本后，关闭"动作"面板。在"动作脚本"图层的第 80 帧显示一个标记"a"。

图 8-77

图 8-78

2. 制作场景动画

步骤 ❶ 单击舞台窗口左上方的"场景 1"图标 场景 1，进入"场景 1"的舞台窗口。将"图层 1"重命名为"底图"。选择"文件 > 导入 > 导入舞台"命令，在弹出的"导入"对话框中，选择云盘中的"Ch08 > 素材 >'蒲公英的季节'> 01"文件，单击"打开"按钮，文件被导入舞台窗口，效果如图 8-79 所示。

步骤② 在"时间轴"面板中创建新图层并命名为"蒲公英"。将"库"面板中的影片剪辑元件"一起动"拖曳到舞台窗口中，选择"任意变形"工具 ，调整大小并放置到适当的位置，效果如图 8-80 所示。选择"文件 > 导入 > 导入舞台"命令，在弹出的"导入"对话框中，选择云盘中的"Ch08 > 素材 >蒲公英的季节 >03"文件，单击"打开"按钮，文件被导入舞台窗口中，效果如图 8-81 所示。

微课：制作
"蒲公英的季节" 2

图 8-79　　　　　　　　　图 8-80　　　　　　　　　图 8-81

步骤③ 选择"任意变形"工具 ，选中蒲公英，按住 Alt 键的同时，将其拖曳到适当的位置复制图形，并调整其大小，效果如图 8-82 所示。用相同的方复制多个蒲公英，效果如图 8-83 所示。

步骤④ 在"时间轴"面板中创建新图层并命名为"矩形"。选择"矩形"工具 ，在工具箱中将"笔触颜色"设为无，"填充颜色"设为绿色（#497305），在舞台窗口中绘制一个矩形，效果如图 8-84 所示。

图 8-82　　　　　　　　　图 8-83　　　　　　　　　图 8-84

步骤⑤ 在"时间轴"面板中创建新图层并命名为"文字"。选择"文本"工具 T ，在文本工具"属性"面板中进行设置，在舞台窗口中的适当位置输入大小为 65，字体为"方正卡通简体"的绿色（#006600）文字，文字效果如图 8-85 所示。

步骤⑥ 选中文字"公"，如图 8-86 所示。在文本工具"属性"面板中将字体设为"方正黄草简体"，大小设为 110，效果如图 8-87 所示。

步骤⑦ 选中"文字"图层，选择"选择"工具 ，选中文字，按 Ctrl+C 组合键，复制文字。在"颜色"面板中将"Alpha"选项设为 30%，效果如图 8-88 所示。按 Ctrl+Shift+V 组合键，将复制的文字原位粘贴到当前位置。在舞台窗口中将复制的文字拖曳到适当的位置，使文字产生阴影效果，效果如图 8-89 所示。

图 8-85　　　　　图 8-86　　　　　图 8-87　　　　　图 8-88　　　　　图 8-89

步骤⑧ 选择"文本"工具 T ，在文本工具"属性"面板中进行设置，在舞台窗口中的适当位置输入大小为 14，字体为"方正大黑简体"的绿色（#006600）文字，文字效果如图 8-90 所示。再次在舞台窗口中输入大小为 45，字体为"方正兰亭特黑简体"的绿色（#006600）文字，文字效果如图 8-91 所示。

步骤⑨ 选择"窗口 > 颜色"命令，弹出"颜色"面板，选中"填充颜色"按钮 ，将"填充颜色"设为绿色（#006600），"Alpha"选项设为 50%，如图 8-92 所示。选择"文本"工具 T ，在文本工具"属性"面板中进行设置，在舞台窗口中的适当位置输入大小为 10，字体为"方正兰亭粗黑简体"的文字，文字效果如图 8-93 所示。蒲公英的季节效果制作完成，按 Ctrl+Enter 组合键查看效果。

  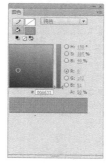 

图 8-90   图 8-91   图 8-92   图 8-93

8.2.4 【相关工具】

1. 普通引导层

普通引导层主要用于为其他图层提供辅助绘图和绘图定位，引导层中的图形在播放影片时是不会显示的。

◎ 创建普通引导层

用鼠标右键单击"时间轴"面板中的某个图层，在弹出的快捷菜单中选择"引导层"命令，如图 8-94 所示。该图层转换为普通引导层，此时，图层前面的图标变为 形状，如图 8-95 所示。

还可在"时间轴"面板中选中要转换的图层，选择"修改 > 时间轴 > 图层属性"命令，弹出"图层属性"对话框，在"类型"选项组中选择"引导层"单选项，如图 8-96 所示。单击"确定"按钮，选中的图层转换为普通引导层，此时，图层前面的图标变为 形状，如图 8-97 所示。

图 8-94   图 8-95   图 8-96   图 8-97

◎ **将普通引导层转换为普通图层**

如果想在播放影片时显示普通引导层上的对象，还可以将普通引导层转换为普通图层。

用鼠标右键单击"时间轴"面板中的引导层，在弹出的快捷菜单中选择"引导层"命令，如图 8-98 所示。普通引导层转换为普通图层，此时，图层前面的图标变为 形状，如图 8-99 所示。

还可在"时间轴"面板中选中引导层，选择"修改 > 时间轴 > 图层属性"命令，弹出"图层属性"对话框，在"类型"选项组中选择"一般"单选项，如图 8-100 所示。单击"确定"按钮，选中的普通引导层转换为普通图层，此时，图层前面的图标变为 形状，如图 8-101 所示。

图 8-98　　　　　　图 8-99　　　　　　图 8-100　　　　　　图 8-101

2. 运动引导层

运动引导层的作用是设置对象运动路径的导向，使与之相链接的被引导层中的对象沿着路径运动，运动引导层上的路径在播放动画时不显示。在运动引导层上还可以创建多个运动轨迹，以引导被引导层上的多个对象沿不同的路径运动。要创建按照任意轨迹运动的动画，就需要添加运动引导层，但创建的运动引导层动画，要求是传统补间动画，形状补间与逐帧动画不可用。

◎ **创建运动引导层**

用鼠标右键单击"时间轴"面板中要添加引导层的图层，在弹出的快捷菜单中选择"添加传统运动引导层"命令，如图 8-102 所示。为图层添加运动引导层，此时引导层前面出现图标 ，如图 8-103 所示。

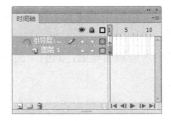

图 8-102　　　　　　　　　　　　图 8-103

提示

一个引导层可以引导多个图层上的对象按运动路径运动。如果要将多个图层变成某一个运动引导层的被引导层，只需在"时间轴"面板上将要变成被引导层的图层拖曳至引导层下方即可。

◎ 将运动引导层转换为普通图层

将运动引导层转换为普通图层的方法与普通引导层转换为普通图层的方法一样，这里不再赘述。

◎ 应用运动引导层制作动画

打开云盘中的"基础素材 > Ch08 > 01"文件，如图 8-104 所示。用鼠标右键单击"时间轴"面板中的"蝴蝶"图层，在弹出的快捷菜单中选择"添加传统运动引导层"命令，为"蝴蝶"图层添加运动引导层，如图 8-105 所示。

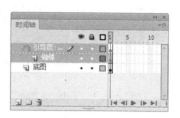

图 8-104

图 8-105

选择"钢笔"工具，在引导层的舞台窗口中绘制一条曲线，如图 8-106 所示。选择"时间轴"面板，单击引导层中的第 20 帧，按 F5 键，在第 20 帧插入普通帧。相同的方法在"底图"图层的第 20 帧插入普通帧，如图 8-107 所示。

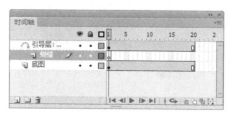

图 8-106

图 8-107

在"时间轴"面板中选中"蝴蝶"图层的第 1 帧，将"库"面板中的影片剪辑元件"02"拖曳到舞台窗口中，放置在曲线的下方端点上，如图 8-108 所示。

选择"时间轴"面板中，单击"蝴蝶"图层的第 20 帧，按 F6 键，在第 20 帧插入关键帧。将舞台窗口中的蝴蝶拖曳到曲线的上方端点上，如图 8-109 所示。

图 8-108

图 8-109

选中"蝴蝶"图层中的第 1 帧，单击鼠标右键，在弹出的快捷菜单中选择"创建传统补间"命令。在"图层 1"的第 1 帧～第 20 帧生成动作补间动画，如图 8-110 所示。在"帧"属性面板中，勾选"补间"选项组中的"调整到路径"复选框，如图 8-111 所示。运动引导层动画制作完成。

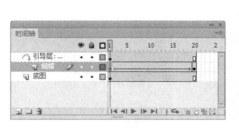 

图 8-110   图 8-111

在不同的帧中，动画的效果如图 8-112 所示。按 Ctrl+Enter 组合键，测试动画效果，在动画中，弧线将不显示。

（a）第 1 帧   （b）第 5 帧   （c）第 10 帧

（d）第 15 帧   （e）第 20 帧

图 8-112

8.2.5 【实战演练】制作电商广告

使用"添加传统运动引导层"命令，添加引导层；使用"钢笔"工具，绘制曲线；使用"创建传统补间"命令，制作花瓣飘落动画效果。最终效果参看云盘中的"Ch08 > 效果 > 制作电商广告"，如图 8-113 所示。

微课：制作
电商广告

图 8-113

8.3 综合演练——制作西餐厅知识问答

8.3.1 【案例分析】

西餐厅知识问答是一种多功能的具有趣味性的网络信息交流服务平台，它以互动的形式使人们掌握食用西餐的知识和礼仪，方便喜爱品尝西餐的人士交流，网页设计要求体现问答的乐趣。

8.3.2 【设计理念】

在设计制作过程中，网页背景采用木板和格子布为背景，给人舒适放松的感觉；搭配咖啡豆、咖啡、蛋糕、饼干等食物，明确地体现出西餐的特点，识别性强。字体颜色与背景搭配合理自然，问答内容在画面的居中位置，更加醒目直观。

8.3.3 【知识要点】

使用"文本"工具，添加文字；使用"组件"面板，添加组件；使用"动作"面板添加动作脚本。最终效果参看云盘中的"Ch08 > 效果 > 制作西餐厅知识问答"，如图 8-114 所示。

微课：制作
西餐厅知识问答

图 8-114

8.4 综合演练——制作飘落的树叶

8.4.1 【案例分析】

简单的动画能够丰富页面的视觉效果，本案例要求动画的色彩温暖明亮，使人感到动感与新鲜感。

8.4.2 　【设计理念】

在设计制作过程中，温暖的色调搭配使人心情舒畅；书法的字体搭配背景，体现出文化气息和设计感，生动形象地表现了立秋节气。红色的枫叶缓缓飘落，展现出一片温馨的自然景色，更增加了活泼感，使画面更加丰富。

8.4.3 　【知识要点】

使用"钢笔"工具，绘制线条并添加运动引导层；使用"创建传统补间"命令，制作出飘落的树叶效果。最终效果参看云盘中的"Ch08 > 效果 > 制作飘落的树叶"，如图 8–115 所示。

微课：制作
飘落的树叶

图 8–115

第 9 章
综合设计实训

本章为综合设计实训案例，根据商业动漫设计项目真实情境来训练学生利用所学知识完成商业动漫设计项目。通过多个动漫设计项目的演练，学生可以进一步掌握 Flash CS6 的强大操作功能和使用技巧，并应用所学技能制作出专业的动漫设计作品。

案例类别

- ✔ 卡片设计
- ✔ 电子相册
- ✔ 游戏设计
- ✔ 广告设计
- ✔ 网页应用

9.1 卡片设计——制作端午节贺卡

9.1.1 【项目背景及要求】

1. 客户名称

来英科技有限公司。

2. 客户需求

由于端午即将来临，来英科技有限公司要制作电子贺卡，用于与合作伙伴及公司员工联络感情和互致问候，要求具有温馨的祝福语言，浓郁的民俗色彩，以及传统的东方韵味，能够充分传达公司的祝福与问候。

3. 设计要求

（1）要求运用传统民俗的风格，但又具有现代感。

（2）使用具有端午节特色的元素装饰画面，丰富画面，使人感受到浓厚的端午节气息。

（3）使用绿色等能够烘托端午节氛围的色彩。

（4）要求表现出节日的欢庆与热闹的氛围。

（5）设计规格均为 600px（宽）×416px（高）。

9.1.2 【项目设计及制作】

1. 设计素材

图片素材所在位置：云盘中的"Ch09 > 素材 > 制作端午节贺卡 > 01～17"。

文字素材所在位置：云盘中的"Ch09 > 素材 > 制作端午节贺卡 > 文字文档"。

2. 设计作品

设计作品效果所在位置：云盘中的"Ch09 > 效果 > 制作端午节贺卡"，如图 9-1 所示。

微课：制作端午节贺卡 1　　微课：制作端午节贺卡 2　　微课：制作端午节贺卡 3

图 9-1

3. 步骤提示

步骤 ① 选择"文件 > 新建"命令，弹出"新建文档"对话框，在"常规"选项卡中选择"ActionScript 3.0"选项，将"宽"设为 600，"高"设为 416，单击"确定"按钮，完成文档的创建。

步骤 ② 选择"文件 > 导入 > 导入到库"命令，在弹出的"导入到库"对话框中，选择云盘中的"Ch09 >素材 > 制作端午节贺卡 > 01～17"文件，单击"打开"按钮，文件被导入"库"面板，如图 9-2 所示。分别创建图形元件，如图 9-3 所示。

图 9-2　　　　　　　　　　　图 9-3

步骤③ 单击舞台窗口左上方的"场景 1"图标 ，进入"场景 1"的舞台窗口。将"库"面板中的位图"01"拖曳到舞台窗口中，效果如图 9-4 所示。选中"底图"图层的第 50 帧，按 F5 键，插入普通帧。在"时间轴"面板中创建新图层并命名为"竹子"。

步骤④ 将"库"面板中的图形元件"竹子 2"拖曳到舞台窗口中并放置在适当的位置，效果如图 9-5 所示。选中"竹子"图层的第 25 帧，按 F6 键，插入关键帧，选中第 50 帧，按 F5 键，插入普通帧。

步骤⑤ 选中"竹子"图层的第 1 帧，在舞台窗口中将"竹子 2"实例水平向左拖曳到适当的位置，效果如图 9-6 所示。用鼠标右键单击"竹子"图层的第 1 帧，在弹出的快捷菜单中选择"创建传统补间"命令，生成传统补间动画。

图 9-4　　　　　　　　　图 9-5　　　　　　　　　图 9-6

步骤⑥ 在"时间轴"面板中创建新图层并命名为"粽子"。将"库"面板中的图形元件"粽子 2"拖曳到舞台窗口中并放置在适当的位置，效果如图 9-7 所示。选中"粽子"图层的第 25 帧，按 F6 键，插入关键帧，选中第 50 帧，按 F5 键，插入普通帧。

步骤⑦ 选中"粽子"图层的第 1 帧，在舞台窗口中将"粽子 2"实例垂直向下拖曳到适当的位置，效果如图 9-8 所示。用鼠标右键单击"粽子"图层的第 1 帧，在弹出的快捷菜单中选择"创建传统补间"命令，生成传统补间动画。

图 9-7　　　　　　　　　　　　　　　图 9-8

步骤 ⑧　在"时间轴"面板中创建新图层并命名为"标题"。将"库"面板中的图形元件"飘香"拖曳到舞台窗口中并放置在适当的位置，效果如图 9-9 所示。选中"标题"图层的第 25 帧，按 F6 键，插入关键帧，选中第 50 帧，按 F5 键，插入普通帧。

步骤 ⑨　选中"标题"图层的第 1 帧，在舞台窗口中将"飘香"实例水平向右拖曳到适当的位置，效果如图 9-10 所示。用鼠标右键单击"粽子"图层的第 1 帧，在弹出的快捷菜单中选择"创建传统补间"命令，生成传统补间动画。

图 9-9　　　　　　　　　　　　　　　图 9-10

步骤 ⑩　在"时间轴"面板中创建新图层并命名为"叶子"。选中"叶子"图层的第 15 帧，按 F6 键，插入关键帧。将"库"面板中的图形元件"叶子"拖曳到舞台窗口中并放置在适当的位置，效果如图 9-11 所示。选中"叶子"图层的第 25 帧，按 F6 键，插入关键帧，选中第 50 帧，按 F5 键，插入普通帧。

步骤 ⑪　选中"叶子"图层的第 15 帧，在舞台窗口中选中"叶子"实例，在实例"属性"面板"色彩效果"选项组的"样式"下拉列表中选择"Alpha"，将其值设为 0%，如图 9-12 所示。

步骤 ⑫　用鼠标右键单击"叶子"图层的第 15 帧，在弹出的快捷菜单中选择"创建传统补间"命令，生成传统补间动画。

图 9-11　　　　　　　　　　　　　　　图 9-12

步骤 ⑬　用上述方法分别制作"底图 2"动画与"底图 3"动画，"时间轴"面板分别如图 9-13 和图 9-14 所示。

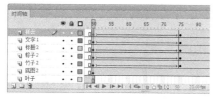

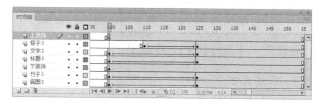

图 9-13   图 9-14

步骤⑭ 在"时间轴"面板中创建新图层并命名为"音乐"。将"库"面板中的声音文件"17"拖曳到舞台窗口中。在"时间轴"面板中创建新图层并命名为"动作脚本"。选中"动作脚本"图层的第 155 帧，按 F6 键，插入关键帧。选择"窗口 > 动作"命令，弹出"动作"面板，在面板左上方将脚本语言版本设置为"ActionScript 1.0 & 2.0"，单击"将新项目添加到脚本中"按钮🔧，在弹出的菜单中选择"全局函数 > 时间轴控制 > stop"命令。在"脚本窗口"中显示选择的脚本语言，如图 9-15 所示。设置好动作脚本后，关闭"动作"面板。在"动作脚本"图层的第 155 帧显示一个标记"a"。

步骤⑮ 端午节贺卡制作完成，按 Ctrl+Enter 组合键查看效果，如图 9-16 所示。

图 9-15   图 9-16

9.2 广告设计——制作化妆品主图

9.2.1 【项目背景及要求】

1. 客户名称

雅格芙蓉美妆有限公司。

2. 客户需求

雅格芙蓉美妆是一家中小规模的美妆公司，主要经营各种护肤品，以及美妆、彩妆用品。现阶段公司需要提高知名度和信誉度，希望制作一个专业的宣传广告，在网络上宣传，要求制作风格清新简约，现代感强。

3. 设计要求

（1）广告要求具有时尚感，展现出适用于年轻女性的特性。

（2）使用浅色的背景，给人自然健康的感觉，表现出产品的安全。

（3）需要突出主要产品，要求搭配植物的元素，丰富画面。

（4）整体风格要求画面具有感染力，体现年轻活泼的朝气。

（5）设计规格为 800px（宽）×800px（高）。

9.2.2 【项目设计及制作】

1. 设计素材

图片素材所在位置：云盘中的"Ch09 > 素材 > 制作化妆品主图 > 01～06"。

2. 设计作品

设计作品效果所在位置：云盘中的"Ch09 > 效果 > 制作化妆品主图"，如图 9-17 所示。

微课：制作
化妆品主图

图 9-17

3. 步骤提示

步骤① 选择"文件 > 新建"命令，弹出"新建文档"对话框，在"常规"选项卡中选择"ActionScript 3.0"选项，将"宽"设为 800，"高"设为 800，单击"确定"按钮，完成文档的创建。

步骤② 选择"文件 > 导入 > 导入到库"命令，在弹出的"导入到库"对话框中，选择云盘中的"Ch09 > 素材 >制作化妆品主图 > 01～06"文件，单击"打开"按钮，将文件导入"库"面板，如图 9-18 所示。

步骤③ 将"图层 1"重命名为"底图"。将"库"面板中的位图"01"拖曳到舞台窗口中，如图 9-19 所示。选中"底图"图层的第 100 帧，按 F5 键，插入普通帧，如图 9-20 所示。

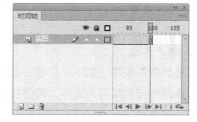

图 9-18   图 9-19   图 9-20

步骤④ 在"时间轴"面板中创建新图层并命名为"水花"。将"库"面板中的位图"02"拖曳到舞台窗口中，并放置在适当的位置，如图 9-21 所示。保持图像的选取状态，按 F8 键，在弹出的"转换为元件"对话框中进行设置，如图 9-22 所示，单击"确定"按钮，将选取的图像转为图形元件。

图 9-21   图 9-22

步骤 ⑤ 选中"水花"图层的第 10 帧，按 F6 键，插入关键帧。选中"水花"图层的第 1 帧，在舞台窗口中选中"水花"实例，在图形"属性"面板"色彩效果"选项组的"样式"下拉列表中选择"Alpha"，将其值设为 0%，如图 9-23 所示，效果如图 9-24 所示。

步骤 ⑥ 用鼠标右键单击"水花"图层的第 1 帧，在弹出的快捷菜单中选择"创建传统补间"命令，生成传统补间动画，如图 9-25 所示。

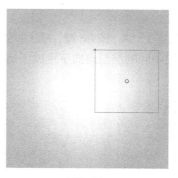

图 9-23   图 9-24   图 9-25

步骤 ⑦ 在"时间轴"面板中创建新图层并命名为"芦荟"。将"库"面板中的位图"03"拖曳到舞台窗口中，并放置在适当的位置，如图 9-26 所示。保持图像的选取状态，按 F8 键，在弹出的"转换为元件"对话框中进行设置，如图 9-27 所示，单击"确定"按钮，将选取的图像转为图形元件。

图 9-26   图 9-27

步骤 ⑧ 选中"芦荟"图层的第 10 帧，按 F6 键，插入关键帧。选中"芦荟"图层的第 1 帧，在舞台窗口中选中"芦荟"实例，在图形"属性"面板"色彩效果"选项组的"样式"下拉列表中选择

"Alpha"，将其值设为 0%，如图 9-28 所示，效果如图 9-29 所示。

图 9-28 · 　　　　　　　　　图 9-29

步骤 ⑨ 用鼠标右键单击"芦荟"图层的第 1 帧，在弹出的快捷菜单中选择"创建传统补间"命令，生成传统补间动画。

步骤 ⑩ 在"时间轴"面板中创建新图层并命名为"遮罩 1"。选择"矩形"工具 ，在工具箱中，将"笔触颜色"设为无，"填充颜色"设为黄色（#FFCC00），在舞台窗口中绘制一个矩形，效果如图 9-30 所示。

步骤 ⑪ 选中"遮罩 1"图层的第 15 帧，按 F6 键，插入关键帧。选择"任意变形"工具 ，在矩形周围出现控制点，将矩形下侧中间的控制点向下拖曳到适当的位置，改变矩形的高度，效果如图 9-31 所示。

图 9-30 　　　　　　　　　　图 9-31

步骤 ⑫ 用鼠标右键单击"遮罩 1"图层的第 1 帧，在弹出的快捷菜单中选择"创建补间形状"命令，生成形状补间动画，如图 9-32 所示。在"遮罩 1"图层上单击鼠标右键，在弹出的快捷菜单中选择"遮罩层"命令，将图层"遮罩 1"图层设置为遮罩的层，图层"芦荟"为被遮罩的层，如图 9-33 所示。

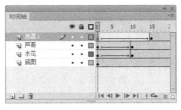

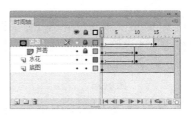

图 9-32 　　　　　　　　　　图 9-33

步骤 ⑬ 用上述方法在"时间轴"面板中再次创建多个图层，并制作动画效果，"时间轴"面板如图 9-34 所示。化妆品主图制作完成，按 Ctrl+Enter 组合键查看效果，如图 9-35 所示。

图 9-34

图 9-35

9.3 电子相册——制作儿童电子相册

9.3.1 【项目背景及要求】

1. 客户名称

客户名称为北京罗曼摄影工作室。

2. 客户需求

北京罗曼摄影工作室是一家专业制作个人写真的工作室，提供精品满月照、百天照、婴儿摄影等儿童写真摄影服务。现需要制作一套儿童满月的写真模板。要求以新颖美观的形式进行创意设计，要具有独特的风格和特点。

3. 设计要求

（1）相册模板要求使用卡通漫画的形式制作，使画面活泼生动。

（2）相册模板要体现儿童天真可爱的特点。

（3）色彩要求使用柔和温暖的色调，符合儿童相册的特点。

（4）模板要求主次分明，视觉流程明确。

（5）设计规格为 600px（宽）×450px（高）。

9.3.2 【项目设计及制作】

1. 设计素材

图片素材所在位置：云盘中的"Ch09 > 素材 > 制作儿童电子相册 > 01~10"。

2. 设计作品

设计作品效果所在位置：云盘中的"Ch09 > 效果 > 制作儿童电子相册"，如图 9-36 所示。

微课：制作儿童
电子相册

图 9-36

3. 步骤提示

步骤① 选择"文件 > 新建"命令，弹出"新建文档"对话框，在"常规"选项卡中选择"ActionScript 2.0"选项，将"宽"设为 600，"高"设为 450，单击"确定"按钮，完成文档的创建。将"图层 1"重命名为"底图"。

步骤② 选择"文件 > 导入 > 导入到库"命令，在弹出的"导入到库"对话框中，选择云盘中的"Ch09 >素材 > 制作儿童电子相册 > 01～10"文件，单击"打开"按钮，文件被导入"库"面板，如图 9-37 所示。

步骤③ 在"库"面板中新建一个图形元件"照片 1"，如图 9-38 所示，舞台窗口也随之转换为图形元件的舞台窗口。将"库"面板中的位图"02"拖曳到舞台窗口中，效果如图 9-39 所示。用相同的方法制作其他图形元件，"库"面板中的显示效果如图 9-40 所示。

图 9-37　　　　　　　　图 9-38　　　　　　　　图 9-39　　　　　　　　图 9-40

步骤④ 在"库"面板中新建一个按钮元件"按钮 1"，如图 9-41 所示，舞台窗口也随之转换为按钮元件的舞台窗口。将"库"面板中的位图"09"拖曳到舞台窗口中，效果如图 9-42 所示。选中"指针经过"帧，按 F5 键，插入普通帧。

步骤⑤ 在"时间轴"面板中创建新图层"图层 2"。将"库"面板中的图像元件"照片 1"拖曳到舞台窗口中。选择"任意变形"工具 ，在舞台窗口中选中"照片 1"实例，按住 Shift 键的同时，将其等比例缩小，并将其拖曳到适当的位置，效果如图 9-43 所示。选中"指针经过"帧，按 F6 键，插入关键帧。

步骤 ⑥ 选中"图层 2"的"弹起"帧，选中舞台窗口中的"照片 1"实例，在图形"属性"面板"色彩效果"选项组的"样式"下拉列表中选择"Alpha"，将其值设为 50%，效果如图 9-44 所示。用相同的方法制作按钮元件"按钮 2～按钮 6"，如图 9-45 所示。

图 9-41   图 9-42   图 9-43   图 9-44   图 9-45

步骤 ⑦ 单击舞台窗口左上方的"场景 1"图标，进入"场景 1"的舞台窗口。将"库"面板中的位图"01"拖曳到舞台窗口中，效果如图 9-46 所示。选中第 6 帧，按 F5 键，插入普通帧。

步骤 ⑧ 在"时间轴"面板中创建新图层并命名为"照片边框"。将"库"面板中的位图"10"拖曳到舞台窗口中，效果如图 9-47 所示。选中"照片边框"图层的第 6 帧，按 F5 键，插入普通帧。在"时间轴"面板中创建新图层并命名为"照片"。

步骤 ⑨ 将"库"面板中的图形元件"照片 1"拖曳到舞台窗口中并放置在适当的位置，效果如图 9-48 所示。选中"照片"图层的第 2 帧，按 F7 键，插入空白关键帧。

图 9-46   图 9-47   图 9-48

步骤 ⑩ 将"库"面板中的图形元件"照片 2"拖曳到与"照片 1"相同的位置，如图 9-49 所示。用相同的方法分别选中"照片"图层的第 3 帧～第 6 帧，按 F7 键，插入空白关键帧，并分别将图形元件"照片 3"～"照片 6"拖曳到相应帧的舞台窗口中，效果分别如图 9-50～图 9-53 所示。

步骤 ⑪ 在"时间轴"面板中创建新图层并命名为"按钮"。分别将"库"面板中的按钮元件"按钮 1"～"按钮 6"拖曳到舞台窗口中并放置在适当的位置，效果如图 9-54 所示。

步骤 ⑫ 在"时间轴"面板中创建新图层并命名为"装饰"。将"库"面板中的位图"08"拖曳到舞台窗口中，并放置在适当的位置，效果如图 9-55 所示。在"时间轴"面板中创建新图层并命名为"动作脚本"。

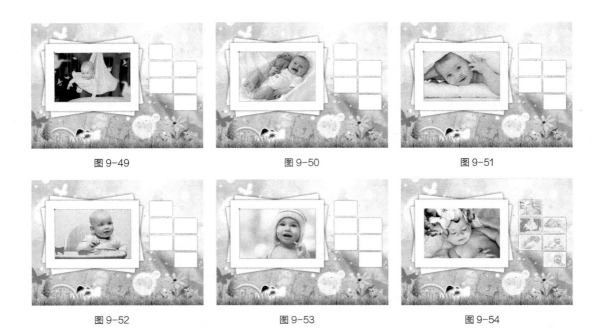

图 9-49　　　　　　　　图 9-50　　　　　　　　图 9-51

图 9-52　　　　　　　　图 9-53　　　　　　　　图 9-54

步骤⑬ 选择"窗口 > 动作"命令，弹出"动作"面板，在面板的左上方将脚本语言版本设置为"ActionScript 1.0 & 2.0"，在面板中单击"将新项目添加到脚本中"按钮 ，在弹出的菜单中选择"全局函数 > 时间轴控制 > stop"命令。在"脚本窗口"中显示选择的脚本语言，如图 9-56 所示。设置好动作脚本后，关闭"动作"面板。在"动作脚本"图层的第 1 帧显示一个标记"a"。

步骤⑭ 选中"按钮"图层，在舞台窗口中选择"按钮 1"实例，选择"窗口 > 动作"命令，在"动作"面板中设置脚本语言（脚本语言的具体设置可以参考附带云盘中的实例源文件），"脚本窗口"中显示的效果如图 9-57 所示。

图 9-55　　　　　　　　图 9-56　　　　　　　　图 9-57

步骤⑮ 用相同的方法为其他按钮设置脚本语言，只需将脚本语言"gotoAndStop"后面括号中的数字改成相应的帧数即可，如图 9-58～图 9-62 所示。儿童电子相册制作完成，按 Ctrl+Enter 组合键查看效果，如图 9-63 所示。

图 9-58　　　　　　　　图 9-59　　　　　　　　图 9-60

图 9-61   图 9-62   图 9-63

9.4　网页应用——制作房地产网页

9.4.1　【项目背景及要求】

1．客户名称

金鼎地产。

2．客户需求

金鼎地产是一家经营房地产开发、物业管理、商品房销售等全方位业务的房地产公司。公司目前最新推出的熙乐家园即将开盘销售，需要为该楼盘宣传制作网页，网页要求简洁大方而且设计精美，体现企业商品的高端品质。

3．设计要求

（1）网页风格要求时尚大方，制作精美。

（2）网页设计的背景具有质感，运用淡雅的风格和简洁的画面展现企业的品质。

（3）网页围绕房产的特色进行设计搭配，分类明确细致。

（4）要求融入一些手绘元素，提升企业的文化内涵。

（5）设计规格均为 600px（宽）×464px（高）。

9.4.2　【项目设计及制作】

1．设计素材

图片素材所在位置：云盘中的"Ch09 > 素材 > 制作房地产网页 > 01～05"。

文字素材所在位置：云盘中的"Ch09 > 素材 > 制作房地产网页 > 文字文档"。

2．设计作品

设计作品效果所在位置：云盘中的"Ch09 > 效果 > 制作房地产网页"，如图 9-64 所示。

3．步骤提示

步骤❶ 选择"文件 > 新建"命令,弹出"新建文档"对话框,在"常规"选项卡中选择"ActionScript 2.0"选项, 将"宽"设为 600,"高"设为 464, 单击"确定"按钮,完成文档的创建。将"图层 1"重命名为"底图"。

步骤❷ 选择"文件 > 导入 > 导入到库"命令, 在弹出的"导入到库"对话框中, 选择云盘中的"Ch09 >素材 > 制作房地产网页 > 01～05"文件，单击"打开"按钮，文件被导入"库"面板，如图 9-65 所示。

图 9-64

步骤 ③ 在"库"面板中新建一个按钮元件"效果 1"，如图 9-66 所示，舞台窗口也随之转换为按钮元件的舞台窗口。将"图层 1"重命名为"底图"。

图 9-65　　　　　　　　　　　　　　图 9-66

步骤 ④ 选择"矩形"工具 ，在矩形工具"属性"面板中，将"笔触颜色"设为棕色（#996600），"填充颜色"设为无，"笔触"设为 1，其他选项的设置如图 9-67 所示，在舞台窗口中绘制一个矩形，效果如图 9-68 所示。在工具箱中将"填充颜色"设为棕色（#996600），"笔触颜色"设为无，使用"矩形"工具再绘制一个矩形，效果如图 9-69 所示。

步骤 ⑤ 选择"窗口 > 颜色"命令，弹出"颜色"面板，在"颜色类型"下拉列表中选择"线性渐变"，在色带上将渐变色设为从浅棕色（#D8B46A）、棕色（#AB7425）到浅棕色（#D8B46A），共设置 3 个控制点，如图 9-70 所示。

步骤 ⑥ 选择"颜料桶"工具 ，在矩形内部从左上角向右下角拖曳鼠标，松开鼠标后，渐变色被填充，效果如图 9-71 所示。选中"底图"图层的"指针经过"帧，按 F5 键，插入普通帧。

步骤 ⑦ 选择"选择"工具 ，选中渐变矩形，按 Ctrl+C 组合键，将其复制。在"时间轴"中创建新图层并命名为"白色块"。选中"白色块"图层的"指针经过"帧，按 F6 键，插入关键帧。按 Ctrl+Shift+V 组合键，将复制的图形原位粘贴到"图层 2"中。

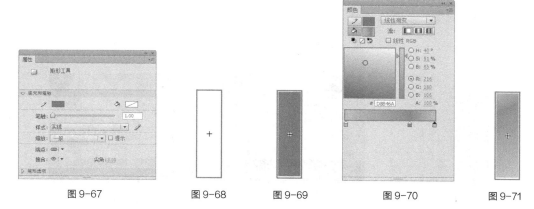

<table>
<tr><td>图 9-67</td><td>图 9-68</td><td>图 9-69</td><td>图 9-70</td><td>图 9-71</td></tr>
</table>

步骤⑧ 选择"颜色"面板，在"颜色类型"下拉列表中选择"线性渐变"，在色带上将左边和右边的颜色控制点设为白色，将"Alpha"的不透明度设为 0，如图 9-72 所示。将中间的颜色控制点设为白色，将"Alpha"的不透明度设为 50%，生成渐变色。选择"颜料桶"工具 ，在矩形内部从左上角向右下角拖曳鼠标，松开鼠标后，渐变色被填充，效果如图 9-73 所示。

步骤⑨ 在"时间轴"中创建新图层并命名为"文字"。选择"文本"工具 ，在文本工具"属性"面板中进行设置，在舞台窗口中的适当位置输入大小为 8，字体为"方正兰亭粗黑简体"的黑色文字，文字效果如图 9-74 所示。选中"文字"图层的"指针经过"帧，按 F6 键，插入关键帧，在工具箱中将"填充颜色"设为白色，舞台窗口中文字的颜色也随之改变，效果如图 9-75 所示。

步骤⑩ 用上述的方法制作按钮元件"效果 2"～"效果 4"，分别如图 9-76～图 9-78 所示。

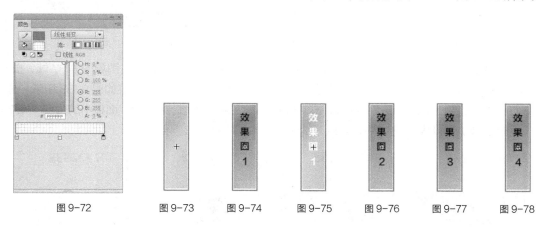

<table>
<tr><td>图 9-72</td><td>图 9-73</td><td>图 9-74</td><td>图 9-75</td><td>图 9-76</td><td>图 9-77</td><td>图 9-78</td></tr>
</table>

步骤⑪ 在"库"面板中新建一个图形元件"图片"，如图 9-79 所示，舞台窗口也随之转换为图形元件的舞台窗口。将"库"面板中的位图"01"拖曳到舞台窗口中，效果如图 9-80 所示。

步骤⑫ 单击舞台窗口左上方的"场景 1"图标 场景1，进入"场景 1"的舞台窗口。将"库"面板中的图形元件"图片"拖曳到舞台窗口中，效果如图 9-81 所示。

步骤⑬ 选中"底图"图层的第 20 帧，按 F6 键，插入关键帧。选中第 40 帧，按 F5 键，插入普通帧。选中"底图"图层的第 1 帧，选中舞台窗口中的"图片"实例，在图形"属性"面板"色彩效果"选项组的"样式"下拉列表中选择"Alpha"，将其值设为 13%，效果如图 9-82 所示。

图 9-79　　　　　　　　　图 9-80　　　　　　　　　图 9-81

步骤⑭ 用鼠标右键单击"底图"图层的第 1 帧，在弹出的快捷菜单中选择"创建传统补间"命令，生成传统补间动画，如图 9-83 所示。

步骤⑮ 在"时间轴"面板中创建新图层并命名为"按钮"。选中"按钮"图层的第 37 帧，按 F6 键，插入关键帧。分别将"库"面板中的按钮元件"效果 1"～"效果 4"拖曳到舞台窗口中，效果如图 9-84 所示。

图 9-82　　　　　　　　　图 9-83　　　　　　　　　图 9-84

步骤⑯ 在"时间轴"面板中创建新图层并命名为"图片"。选中"按钮"图层的第 37 帧，按 F6 键，插入关键帧。分别将"库"面板中的位图"02"拖曳到舞台窗口中，效果如图 9-85 所示。分别选中"图片"图层的第 38 帧～第 40 帧，按 F7 键，插入空白关键帧，将"库"面板中的位图"03"～"05"拖曳到对应帧的舞台窗口中，效果分别如图 9-86～图 9-88 所示。

图 9-85　　　　　　　图 9-86　　　　　　　图 9-87　　　　　　　图 9-88

步骤⑰ 在"时间轴"面板中创建新图层并命名为"动作脚本"。选中"动作脚本"图层的第 37 帧，按 F6 键，插入关键帧。选择"窗口 > 动作"命令，在"动作"面板的左上方将脚本语言版本设置为"ActionScript 1.0 & 2.0"，单击"将新项目添加到脚本中"按钮，在弹出的菜单中选择"全局函数 > 时间轴控制 > stop"命令。在"脚本窗口"中显示选择的脚本语言，如图 9-89 所示。设置好动作脚本后，关闭"动作"面板。在"动作脚本"图层的第 1 帧显示一个标记"a"。

步骤⑱ 选中"按钮"图层，在舞台窗口中选择"效果 1"实例，选择"窗口 > 动作"命令，在"动作"面板中设置脚本语言（脚本语言的具体设置可以参考附带云盘中的实例源文件），"脚本窗口"中显示的效果如图 9-90 所示。

步骤⑲ 用相同的方法为其他按钮设置脚本语言，只需将脚本语言"gotoAndStop"后面括号中的数字改成相应的帧数即可，如图 9-91～图 9-93 所示。房地产网页制作完成，按 Ctrl+Enter 组合键查看效果，如图 9-94 所示。

图 9-89　　　　　　　图 9-90　　　　　　　图 9-91

图 9-92　　　　　　图 9-93　　　　　　图 9-94

9.5　游戏设计——制作射击游戏

9.5.1　【项目背景及要求】

1. 客户名称

喀尔斯特游戏有限公司。

2. 客户需求

喀尔斯特游戏有限公司是网络游戏开发商、运营商和发行商，致力于打造国际化的网游平台，公司目前需要制作一款新型的射击游戏，要求操作简单，运行速度快，使用方便，富有乐趣。

3. 设计要求

（1）游戏画面要求造型可爱、新颖，形式丰富。

（2）使用鲜艳明快的色彩搭配，使玩家被画面吸引。

（3）要求游戏的画面与自然相结合，并且表现出游戏的专业性。

（4）使用与游戏环境紧密结合的色彩，明亮鲜艳，使画面更吸引人。

（5）设计规格均为 600px（宽）×434px（高）。

9.5.2　【项目设计及制作】

1. 设计素材

图片素材所在位置：云盘中的"Ch09 > 素材 > 制作射击游戏 > 01～06"。

2. 设计作品

设计作品效果所在位置：云盘中的"Ch09 > 效果 > 制作射击游戏"，如图 9-95 所示。

微课：制作
射击游戏

图 9-95

3. 步骤提示

步骤❶ 选择"文件 > 打开"命令，在弹出的"打开"对话框中，选择云盘中的"Ch09 > 素材 > 制作射击游戏 > 01"文件，单击"打开"按钮，打开文件。选择"文件 > 导入 > 导入到库"命令，在弹出的"导入到库"对话框中，选择云盘中的"Ch09 > 素材 > 制作射击游戏 > 02～06"文件，单击"打开"按钮，文件被导入"库"面板，如图 9-96 所示。

步骤❷ 在"库"面板中新建一个图形元件"图片"，如图 9-97 所示，舞台窗口也随之转换为图形元件的舞台窗口。将"库"面板中的位图"05.png"拖曳到舞台窗口中的适当位置，效果如图 9-98 所示。

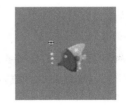

图 9-96　　　　　　　　图 9-97　　　　　　　　图 9-98

步骤❸ 在"库"面板中新建一个影片剪辑元件"鱼动 1"，舞台窗口也随之转换为影片剪辑元件的舞台窗口。将"库"面板中的图形元件"鱼"拖曳到舞台窗口中的适当位置，效果如图 9-99 所示。

步骤❹ 选中"图层 1"的第 100 帧，按 F6 键，插入关键帧。选择"选择"工具 ，选中"鱼"实例，按住 Shift 键的同时，水平向左拖曳到适当的位置，效果如图 9-100 所示。用鼠标右键单击"鱼"图层的第 1 帧，在弹出的快捷菜单中选择"创建传统补间"命令，生成传统补间动画。

步骤❺ 在"库"面板中新建一个影片剪辑元件"鱼动 2"，舞台窗口也随之转换为影片剪辑元件的舞台窗口。将"库"面板中的位图"03.png"拖曳到舞台窗口中的适当位置，效果如图 9-101 所示。

图 9-99

图 9-100

步骤 ⑥ 选中"图层 1"的第 5 帧，按 F7 键，插入空白关键帧。将"库"面板中的位图"04.png"拖曳到舞台窗口中的适当位置，效果如图 9-102 所示。选中"图层 1"的第 9 帧，按 F5 键，插入普通帧。

步骤 ⑦ 在"库"面板中新建一个影片剪辑元件"瞄准镜"，舞台窗口也随之转换为影片剪辑元件的舞台窗口。调出"颜色"面板，选中"笔触颜色"按钮 ✏️ ⬛，将"笔触颜色"设为黑色，"Alpha"设为 50%；选中"填充颜色"按钮 🪣，将"填充颜色"设为白色，将"Alpha"设为 50%，如图 9-103 所示。选择"椭圆"工具 ⬭，按住 Alt+Shift 组合键的同时，在舞台窗口的中心绘制一个圆形，效果如图 9-104 所示。

图 9-101

图 9-102

图 9-103

图 9-104

步骤 ⑧ 选择"线条"工具 ＼，按住 Shift 键的同时，在舞台窗口中绘制一条直线，效果如图 9-105 所示。选择"选择"工具 ▲，选中直线，调出"变形"面板，单击面板下方的"重制选区和变形"按钮 ⊞，复制直线，将"旋转"设为 90，效果如图 9-106 所示。选择"任意变形"工具 ▦，同时选取两条直线，将这两条直线拖曳到圆形的中心位置并调整大小，效果如图 9-107 所示。

图 9-105

图 9-106

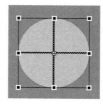

图 9-107

步骤 ⑨ 选择"橡皮擦"工具 ✐，单击工具箱下方的"橡皮擦模式"按钮，在弹出的列表中选择"擦除线条"模式 ◯，在线条的中心单击鼠标擦除线条，效果如图 9-108 所示。选择"刷子"工具 ✐，在工具箱下方单击"刷子大小"按钮 ▪，在弹出的下拉列表中将第 2 个笔刷头的"刷子形状"设为圆形，将"填充颜色"设为红色（#FF0000），"Alpha"设为 100%，在两条线条的中心单击鼠标，效果如图 9-109 所示。

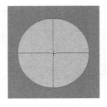
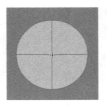

图 9-108　　　　　　　　　　　　　　图 9-109

步骤⑩ 单击舞台窗口左上方的"场景 1"图标，进入"场景 1"的舞台窗口。在"时间轴"中创建新图层并命名为"底图"。将"库"面板中的位图"02"拖曳到舞台窗口中，效果如图 9-110 所示。再次将"库"面板中的影片剪辑"鱼动 1"拖曳到舞台窗口中的适当位置，效果如图 9-111 所示。

步骤⑪ 在"时间轴"面板中创建新图层并命名为"鱼 2"。分别将"库"面板中的影片剪辑"瞄准镜""鱼动 2"拖曳到舞台窗口中的适当位置，效果如图 9-112 和图 9-113 所示。

图 9-110　　　　　　　　图 9-111　　　　　　　　图 9-112　　　　　　　　图 9-113

步骤⑫ 选择"文本"工具，在舞台窗口的标牌上拖曳出一个文本框，选中文本框，在文本"属性"面板中将"文本类型"设为"动态文本"，单击"约束"按钮，将其更改为解锁状态，将"宽"设为 93，"高"设为 29，如图 9-114 所示，舞台窗口中的效果如图 9-115 所示。

步骤⑬ 在文本"属性"面板的"变量"文本框中输入"info"，其他选项的设置如图 9-116 所示。

图 9-114　　　　　　　　　　图 9-115　　　　　　　　　　图 9-116

步骤⑭ 在舞台窗口中选中"鱼动 2"实例，在影片剪辑"属性"面板的"实例名称"文本框中输入"fish"，如图 9-117 所示。选择"窗口 > 动作"命令，在"动作"面板中输入需要的动作脚本，如图 9-118 所示，设置好动作脚本后，关闭"动作"面板。

步骤⑮ 在舞台窗口中选中"瞄准镜"实例，在影片剪辑"属性"面板的"实例名称"文本框中输入"gun"，如图 9-119 所示。选择"窗口 > 动作"命令，弹出"动作"面板，在脚本窗口中输入需要的动作脚本，如图 9-120 所示，设置好动作脚本后，关闭"动作"面板。

图 9-117

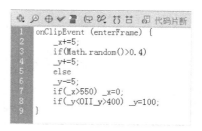

```
1  onClipEvent (enterFrame) {
2      _x+=5;
3      if(Math.random()>0.4)
4      _y+=5;
5      else
6      _y-=5;
7      if(_x>550) _x=0;
8      if(_y<0II_y>400) _y=100;
9  }
```

图 9-118

图 9-119

```
1   on (press) {
2       if(this.hitTest(_root.fish)){
3           _root.info="打到我了！";
4       }
5       else
6       {root.info = "没打到我！";}
7   }
8   on (release) {
9       _root.info="";
10  }
11
```

图 9-120

步骤 ⑯ 在"库"面板中选中声音文件"06"，单击鼠标右键，在弹出的快捷菜单中选择"属性"命令，弹出声音"属性"面板，选择"ActionScript"选项，在"ActionScript 链接"选项组中，勾选"为 ActionScript 导出"复选框，其他选项的设置如图 9-121 所示，单击"确定"按钮。在舞台窗口中选中"瞄准镜"实例，调出"动作"面板，再次在脚本窗口中添加播放声音的动作脚本，如图 9-122 所示。设置好动作脚本后，关闭"动作"面板。

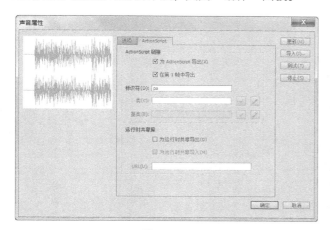

图 9-121

```
1   on (press) {
2       s=new Sound();
3       s.attachSound("pa");
4       s.start();
5       if(this.hitTest(_root.fish)){
6           _root.info="打到我了！";
7       }
8       else
9       {root.info = "没打到我！";}
10  }
11  on (release) {
12      _root.info="";
13  }
14
```

图 9-122

步骤 ⑰ 选中"鱼 2"图层的第 1 帧，按 F9 键，弹出"动作"面板，在脚本窗口中输入需要的动作脚本，如图 9-123 所示，设置好动作脚本后，关闭"动作"面板。在"鱼 2"图层的第 1 帧显示一个标记"a"。在"时间轴"面板中，将"气泡"图层拖曳到"鱼 2"图层的上方，如图 9-124 所示。射击游戏制作完成，按 Ctrl+Enter 组合键查看效果，如图 9-125 所示。

图 9-123

图 9-124

图 9-125